VOLKSWAGEN
Militärfahrzeuge 1938-1948

Dr. Hans-Georg Mayer-Stein

Literaturnachweis

Bücher:

Boschen, Lothar: Das große Buch der Volkswagen-Typen, Stuttgart 1983
Domarus, Max: Hitler-Reden 1932 bis 1945, München 1965
Eichler, Max: Du bist sofort im Bilde, Reichsbürger-Handbuch, Erfurt 1939
Etzold, Hans-Rüdiger: Der Käfer II, Stuttgart 1984
Macho, Engelbert: Der VW-Schwimmwagen Typ 128 und 1966, Maria-Enzersdorf bei Wien
Müller, Jens Theo/Eiken, Hermann: Der VW-Bus, Wiesbaden 1988
Oswald, Werner: Kraftfahrzeuge und Panzer der Reichswehr, Wehrmacht und Bundeswehr, Stuttgart 1973
Picker, Henry/Hoffmann, Heinrich: Hitlers Tischgespräche im Bild, München/Berlin 1980
Piekalkiewicz, Janusz: Der VW-Kübelwagen Typ 82 im Zweiten Weltkrieg, Stuttgart 1977
Sabatès, Fabien: Der Käfer, Genf o.J.
Spielberger, Walter J.: Die Motorisierung der Deutschen Reichswehr 1920-1935, Stuttgart 1979

Periodika:

Das Auto, Motor und Sport, Freiburg i. Brsg., Jahrgänge 1946 bis 1948
Automobil-Chronik: 6/72, 11/74, 4/75, 2/77, 10/77, 12/77, 5/79, 8/79, 3/80
Der Spiegel, IV. Jahrgang, Nr. 18, Sonderheft (Hrsg. vom Volkswagenwerk, Juni 1950)
Waffen-Warsenal:
VW im Kriege (Bd. 58), Deutsche Kräder im Kriege (Bd. 78), VW-Kübelwagen und VW-Schwimmwagen (Bd. 105), Der VW-Käfer im Kriege (Bd. 114), Deutsche Kübelwagen im Kriege (Sonderheft)

PODZUN-PALLAS-VERLAG GmbH, Markt 9, 61169 Friedberg/H. (Dorheim)
Tel. 0 60 31/ 31 31, Fax: 6 29 69

Verantwortlich für den Inhalt ist der Autor.

Satz: Diana Tillinger
Technische Herstellung: Freiburger Graphische Betriebe, 79104 Freiburg
ISBN: 3-7909-0488-0

Dr. Hans-Georg Mayer-Stein

VOLKSWAGEN

Militärfahrzeuge 1938-1948

KdF-Wagen, Kübelwagen und Schwimmwagen im Einsatz

PODZUN-PALLAS

INHALT

Ein Wort zuvor

Verkehr hat zu allen Zeiten in entscheidendem Maße die Entwicklung der menschlichen Zivilisation und Kultur, aber auch deren Verfall oder Zerstörung bestimmt. So wurden die vorhandenen Verkehrsmittel schon immer friedlichen und kriegerischen Zwecken dienstbar gemacht. Das Verkehrswesen war somit schon immer Ausdruck individueller und kollektiver Fähigkeiten oder Mentalitäten, der zivilisatorischen Möglichkeiten und Gestaltungskraft einer Zeit, Epoche, Nation oder eines Volkes ebenso der Unrast des Menschen, seines aggressiven Potentials oder Selbstbehauptungswillens.
Das Automobil, das den motorisierten Einzelverkehr möglich machte und den Massenverkehr revolutionierte, legt davon in höchstem Grad Zeugnis ab. Dies für einen historischen Teilbereich zu zeigen, ist der Sinn des vorliegenden Buches.

Die technische Entwicklung der hier vorgestellten Autos — VW-Käfer, Kübel- und Schwimmwagen — ist schon oft beschrieben worden und soll hier nicht noch einmal wiederholt werden. Den Puristen ist die Materie ohnehin bis ins einzelne bekannt. Auf das Auflisten von technischen Details und chronologischen Daten wird also verzichtet.
Das vorliegende Buch zeigt vielmehr mit Wort und Bild historische Technik im Verbund mit den Menschen, die mit ihr umgehen mußten. Es dokumentiert damit ein Stück deutscher Alltagsgeschichte. Militärisch-technische Bücher grundsätzlich abzulehnen, hieße also das Ignorieren dessen, was Teil unserer nationalen Geschichte und Existenz ist.

Der Verfasser dankt all denen, die bereitwillig mit Informationen und Bildern zum Gelingen dieses Buches beigetragen haben, den Herren Siegfried Bunke (Duisburg), Peter Ebeling (Berlin), Eduard Knoll (Lorch/Württemberg), Jürgen Kolle (Braunschweig), Engelbert Macho (Maria Enzersdorf bei Wien), Vladimir Marsik (Prag), Carsten Messer (Braunschweig), Dr. Ulrich von Pidoll (Braunschweig), Hermann Rest (Ostfildern bei Stuttgart, Zeitschrift »Gute Fahrt«), Jürgen Schultz (Memmingen) und insbesondere Gunter und Norbert Schwefer (Bielefeld).

Erfreulicherweise haben auch das VW-Museum in Wolfsburg (Herr Dr. Bernd Wiersch und Frau Resow), des Porsche-Archiv in Stuttgart-Zuffenhausen (Herr Klaus Parr und Frau Jopp), das Bundesarchiv in Koblenz und die Bayrische Staatsbibliothek in München Bilder zur Verfügung gestellt.

Zu danken habe ich schließlich auch Herrn Roland Fränkle (Karlsruhe) für seine freundschaftliche Hilfe bei der Reproduktion von Fotos und der Restaurierung eines Kübelwagens.

Karlsruhe, im Herbst 1993 — Der Verfasser

Die Volkswagenidee

Das Automobil war in seinen Anfängen ein Fortbewegungsmittel der Reichen. Erstaunlicherweise gab es aber schon nach der Jahrhundertwende Versuche, ein kleines Auto für jedermann zu schaffen. Der Liliput der Bergmann Industriewerke in Gaggenau bei Rastatt/Baden (heute Unimog) war mit 4 PS zu seiner Zeit (1904 - 1907) ein erster Versuch. Er sollte 2500 Mark kosten und war damit für den Durchschnittsverdiener kaum erschwinglich.

Erste Bedeutung als Massentransportmittel bekam das Auto, speziell der Lastwagen, im Ersten Weltkrieg für den Nachschub und die Bewegung von Truppen an der Westfront. Das Automobil hatte somit auch erstmals operative Bedeutung gewonnen.
In der Weimarer Republik fing das Autofieber in Deutschland erst richtig an: Man berauschte sich an Phantasien von endlosen Verkehrsströmen, autogerechten Städten und individueller Motorisierung, eben dem Auto für jedermann.

Dennoch:
In den zwanziger Jahren hatte sich in Deutschland die allgemeine Motorisierung nur langsam weiterentwickeln können. Zwar gab es eine ganze Reihe vielversprechender technischer Entwürfe und einfallsreicher Neukonstruktionen, aber der zielbewußte Elan, der hartnäckigste Aktivismus und die leidenschaftlichsten Bemühungen zerbrachen fast alle vor den Druckwellen der ungeheueren Wirtschaftskrisen. Die Zahl der Firmenpleiten ist Legion. Deutschland war nach dem Ersten Weltkrieg kleiner und ärmer geworden. Die wirtschaftlichen Einbußen waren enorm. Die deutsche Schwerindustrie, die in den vorangegangenen Jahrzehnten die Basis für die rasante wirtschaftliche Progression abgegeben hatte, war erschüttert und ernsthaft bedroht. Nach den Ansprüchen der Siegermächte hatte Deutschland seine Handelsflotte und seine auswärtigen Kapitalanlagen und damit seine Deviseneinnahmen aus der Schiffahrt und die aus den westlichen Ländern hereinfließenden Gewinne und Zinsen verloren. Da ein Großteil des deutschen Eisenbahnmaterials und Fahrzeugbestandes abgegeben werden mußte, hatte auch das Verkehrswesen einen schweren Rückschlag hinnehmen müssen. Zusätzlich verlangte die Entente hohe Reparationen. Unter den unendlich verschärften Bedingungen war ein wirtschaftlicher Neuaufbau nur unter großer Mühsal denkbar, und der Weimarer Republik blieb in der zweiten Hälfte der zwanziger Jahre nur eine kurze Zeit ökonomischer Prosperität auf der unsicheren Grundlage kurzfristiger Auslandskredite.

Wen wundert es, wenn unter diesen Voraussetzungen das Deutsche Reich, was das Kraftfahrzeugwesen anbetrifft, unter den westlichen Industrienationen an letzter Stelle rangierte. Amerika war führend. Das Automobil war in Europa noch lange kein Massenverkehrsmittel — anders als in den USA, wo Henry Ford das T-Modell schon zum weitverbreiteten Volksauto gemacht hatte. In Deutschland wurde Mitte der zwanziger Jahre noch etwa die Hälfte des öffentlichen Straßenverkehrs von bespannten Wagen gestellt. Mit Pferdefuhrwerken wurde also noch ein großer Teil des Transportaufkommens bewältigt. Der PKW galt noch als Luxusgegenstand und war infolgedessen vom Vater Staat mit einer Sondersteuer bedacht worden. Überhaupt: Das Straßennetz im Deutschen Reich entsprach in keiner Weise dem Autoverkehr. Der Erste Weltkrieg hatte viele Pläne zunichte gemacht. Und danach fehlte das Geld. Der Bau von speziellen Autostraßen war noch in den Anfängen. Unbefestigte Staubstraßen, die sich je nach Witterung in Schlammpisten verwandelten, waren Autofahrers Leid. An ein zügiges Vorwärtskommen war hier nicht zu denken. Die Jahre der Inflation, des wirtschaftlichen Niedergangs, der Arbeitslosigkeit, der Weltwirtschaftskrise lasteten schwer auf Deutschland.

Trotzdem: Auch im Deutschland der zwanziger Jahre ging der Trend zum Auto für jedermann, zum Kleinwagen, den sich freilich noch lange nicht jedermann leisten konnte. Aber der Besitz eines Automobils sollte auch nicht mehr Privileg der begüterten Oberschicht bleiben, wie noch vor dem Ersten Weltkrieg. Schon bald nach 1918 entstanden mit dem Mut der Improvisation eine Vielzahl kleiner Vehikel zu des einfachen Volkes Mobilisierung. Sie schossen anfangs wie Pil-

ze aus dem Boden. Aber die wachsende Not des Landes machte vielen mühevollen Bestrebungen schnell ein Ende, und die Wägelchen verschwanden ebenso wie ihre Namen alsbald wieder im Dunkel der Geschichte, und nicht lange nach ihrem mehr oder weniger ruhmvollen Ende erinnerten sich nur noch wenige an die vergangenen Kleinstautos, die bei minimalsten Stückzahlen oft nur lokal oder regional Verbreitung gefunden hatten: Alan, Hataz, Eos, Nug, Ipe, Mops, Mayrette, Atlantic, Gridi, York, Bully, Bravo, Rikas, Peer Gynt, Walmobil, Bob, Diana, um nur einige exotische Namen zu nennen. Sie alle sind in Vergessenheit geraten, und nur wenig ist über ihr einstiges Dasein bekannt.
Die wirtschaftliche Genesung infolge amerikanischer Kapitalzufuhren führte nach 1925 zu steigendem Produktionsindex und wachsendem Bruttosozialprodukt. Auch im Automobilsektor stellten sich die Erfolge ein. Die hektische, rastlose Zeit der zwanziger Jahre kam der allgemeinen Motorisierung ungemein entgegen. Die Autos fürs Volk gegen Ende der zwanziger Jahre waren robuster, ausgereifter und von ernstzunehmenderer Alltagstauglichkeit als die Leichtgewichte aus der Zeit um 1920 bis 24. Da waren z.B. der NSU 5/25, der bekannte Dixi, die DKW Typen P 15 PS und der Typ Front, von Hanomag das Kommißbrot oder der 3/16, die Opel 7/34 und 8/40. Sie alle schienen das Zeug zu einem preiswerten Volksauto zu haben, obgleich es auch früher schon recht ordentliche populäre Autos gegeben hatte, wie z.B. das Wanderer-Puppchen.
Aber die deutsche Automobil-Industrie hatte sich auch der harten amerikanischen Konkurrenz zu erwehren, nachdem am 1. Oktober 1925 die Regierung die Einfuhrbeschränkungen für ausländische Kraftfahrzeuge aufgehoben und die Zölle gesenkt hatte. Der Hintergrund dieser Maßnahme ist im Dawes-Plan zu suchen (benannt nach seinem Initiator Charles Dawes, dem Direktor der Morgan Bank), der der deutschen Wirtschaft einen Gesamtkredit von 800 Millionen Dollar einräumte, der der Inflation ein Ende setzen und die deutschen Reparationszahlungen sichern sollte. Die amerikanischen Investitionen in die deutsche Industrie — bei Thyssen, AEG, Krupp, Siemens & Halske, der deutschen Chemie-, Erdöl- und Kautschukindustrie — waren nicht altruistisch. 1920 war in Berlin die Automotive Product AG gegründet worden, zu der auch die General Motors Corporation und die Ford Motor Company gehörten. 1925 baute Ford im Berliner Westhafen ein Montagewerk und ließ dort sein berühmtes T-Modell vom Band laufen, das in den USA in Millionenstückzahlen zur Volksmotorisierung beigetragen hatte. Mit seinen Niedrigpreisen, die durch moderne Serienproduktion möglich wurden, konnte Ford seine deutschen Konkurrenten aus dem Feld schlagen, die sich mit ihren altväterlichen Fabrikationsmethoden dem frontalen Angriff der Amerikaner nicht widersetzen konnten. Der 1928 dem T-Modell nachfolgende Ford A war erheblich billiger als jedes vergleichbare deutsche Auto. Amerika war gleichbedeutend mit technischem Fortschritt, und die Massenkultur mit ihrem American Way of Live eroberte die deutschen Großstädte.

Als die Weltwirtschaftskrise 1929 jäh über Deutschland hereinbrach, fiel die deutsche Automobil-Produktion auf annähernd zwei Drittel zurück. In der großen Depression war der Traum von einem deutschen Wagen für jedermann zunächst ausgeträumt. Allein Jörgen Rasmussen, Josef Ganz und Ferdinand Porsche setzten weiter auf die Zukunft eines deutschen Volksautos. Das Beispiel des Ford T in Amerika war ihnen Vorbild. Auch andere ausländische Hersteller hatten bereits den preiswerten und gebrauchstüchtigen Volkswagen zu popularisieren versucht. Hans Ledwinka versuchte sein Glück mit einem kleinen Tatra, Austin mit dem Austin Seven, der ab 1922 gebaut wurde und 1927 von den Eisenacher Dixi Werken in Lizenz übernommen wurde, Citroen mit dem 5 CV, und Opel mit seinem »Laubfrosch«, eine Kopie des Citroen Zweisitzers.
Jörgen Skafte Rasmussen, aus Dänemark stammend, war vor dem Ersten Weltkrieg nach Sachsen gekommen und hatte während des Krieges in der von ihm gegründeten Zschopauer Armaturenfabrik Elektromobile und Dampfwagen gebaut. Rasmussen, von unstillbaren planerischen Antrieben, gelang die spezifische Entfaltung seiner Werke in weitgesteckten Organisationen: Er war ein unermüdlicher Aufkäufer von Konstruktionen, Patenten, Wertpapieren, Produktionsanlagen, Zulieferfabriken. 1928 waren die Zschopauer Motorenwerke J.S. Rasmussen AG zur größten Motorradfabrik der Welt avanciert. Einen Namen als Automobil-Produzent machte sich Rasmussen 1928 nach dem Ankauf der Firma Audi durch einen Achtzylinder Audi. In der wirtschaftlichen Krise blieb er mit diesem Nobelwagen ohne Fortune, aber ein Verkaufsschlager

wurde sein DKW Front, der vom Audi-Konstruktionsbüro entworfen worden war und ab 1931 gebaut wurde. In der Fachwelt wurde der kleine DKW in den höchsten Tönen gelobt, und die interessierte Öffentlichkeit war hingerissen von dem Wägelchen, das als Roadster nur 1 750 Reichsmark kostete. Innerhalb von vier Jahren waren 100 000 DKW vom Band gelaufen, und damit war das Auto in Deutschland zu einem Massenartikel geworden.
In gewisser Hinsicht hatte Rasmussen damit realisiert, was seit Anfang der zwanziger Jahre in den Köpfen der deutschen Automobilisten herumspukte.

Großen Aufwind bekam die Volkswagen-Idee auch von Josef Ganz, dem Herausgeber der »Motor-Kritik«. Den von ihm für die Standard-Werke in Ludwigsburg, 1926 von Wilhelm Gutbrod gegründet, bis 1933 zur Serienreife entwickelten Superior propagierte das Werk als »deutschen Volkswagen«. Der Superior nahm wesentliche Konstruktionselemente des späteren VW-Käfers vorweg: Hecktriebblock, Zentralrohrrahmen und eine Stromlinienform. Auch bei Ledwinkas Tatra und beim Mercedes-Heck findet man diese Bauelemente. Großer Erfolg konnte dem Standard von Ganz freilich nicht beschieden sein, zu sehr war er ein Produkt der Wirtschaftskrise: Das Auto war schwach motorisiert (396 ccm, 12 PS), bot viel zu wenig Platz (nur zwei beengte Plätze) und sah ziemlich ärmlich aus (Sperrholzkarosserie mit nur zwei Seitenfenstern). Auch war der Wagen mit 1 590 Reichsmark völlig überteuert, kostete doch ein ausgewachsener Opel 1,2 Liter nur 300 RM mehr. Zudem verfügte Gutbrod in seinem Werk, 1933 nach Stuttgart-Feuerbach und 1937 nach Plochingen verlegt, nur über geringe Produktionskapazitäten.
Vom Standard-Superior 400 wurden zwischen 1933 und 1935 denn auch nur rund 300 Exemplare verkauft, und auch eine verbesserte Ausführung, der Superior 500, brachte es auf keine größere Stückzahl.

Die Machtübernahme Hitlers brachte dann auch für das Volkswagenprojekt die entscheidende Wendung, da es fortan unter der Sanktion des Staates stand. Schon am 11. Februar 1933 bei der Eröffnung der Internationalen Automobil- und Motorrad Ausstellung am Kaiserdamm in Berlin trat der neue Reichskanzler energisch für die Forcierung des Autoverkehrs ein und forderte: »allmähliche steuerliche Entlastung, Inangriffnahme und Durchführung eines großzügigen Straßenbauplanes, Förderung der sportlichen Veranstaltungen«. Gegenüber der Automobil-Industrie forderte Hitler bei gegebenen Anlässen immer wieder mit Nachdruck die Konstruktion eines Volkswagens, wobei freilich auch mitschwang, daß er von Automobilen fasziniert war.
Die Entschiedenheit, mit der der neue Staat das Motorisierungsprogramm betrieb, ist nur ein Spiegel jener allumfassenden Maßnahmen, die eine rasche Verminderung der Arbeitslosenzahlen bewirkte und auch jener straffen und totalitären Durchdringung aller Lebensbereiche. Zum Träger der Motorisierung des Dritten Reiches wurde das 1931 gegründete Nationalsozialistische Kraftfahrkorps (NSKK), eine Formation der SA unter der Führung des Chemnitzers Adolf Hühnlein, die die kostenlose Fahrerausbildung forcierte und zahllose motorsportliche Veranstaltungen organisierte. Auch in rennsportliches Engagement legte der Staat seine Prestige, denn von den sensationellen Siegen auf den Pisten versprach man sich nicht nur vermehrtes internationales Ansehen. Die werbewirksamen und rauschhaften Effekte des Rennsports gehörten zum Arsenal der ingeniösen Propagandatechnik.

Zu den spektakulären Unternehmungen des Regimes gehörte der Autobahnbau. Die ursprünglich geplante Länge von 6 900 Kilometern wurde im Großdeutschen Reich auf 14 000 Kilometer erweitert. Bei Kriegsbeginn waren 4 000 Kilometer fertiggestellt. Das gewaltige Bauprogramm, das hier realisiert wurde, empfand man ebenso als Ausweis des ökonomischen Leistungspotentials wie die wirtschaftlichen Erfolge, die das Regime, unterstützt durch eine steigende Weltkonjunktur, vorweisen konnte. Der Belebung des Automobilmarktes diente eine Reihe steuerlicher Begünstigungen wie z. B. die Steuerfreiheit für neue Kraftfahrzeuge bei einer einmaligen Abschlagszahlung. Die Förderung des Kraftverkehrs wurde dabei mit ebensolchem Nachdruck betrieben wie der Aufbau der Luftfahrt oder motorisierter Heeresverbände, und die Prosperität, die sich auch hier alsbald einstellte, wurde mit allem propagandistischen Effekt in den Vordergrund gerückt:

1933 gab es im Deutschen Reich 755 156 Kraftwagen (PKW, LKW, Omnibusse), 1938 waren es rund eine Million mehr. Eine erstaunliche Zuwachsrate ist auch beim Motorradbau zu verzeichnen: 1933: 844 042 Krafträder, 1938: 1 599 055. Im Motorradbau entfielen mit einer Produktion von 200 000 Einheiten jährlich 63 % der ganzen Welterzeugung auf Deutschland. Angesichts dieser Steigerungsraten berauschten sich die Erwartungen an den Möglichkeiten eines totalen Motorisierungsprogramms: »Ihren Höchststand wird die Kraftwagen-Erzeugung nach Fertigstellung des KdF-Wagen-Werkes Fallersleben, des größten der Welt, erreichen. Der von Dr. Porsche konstruierte KdF-Wagen kostet 990 RM und wird den Wunsch Hunderttausender von Volksgenossen nach einem Kraftwagen erfüllen.« (Eichler, S. 184)
Daß die Volkswagen-Idee mit staatlicher Protektion realisiert wurde, hat ihren Grund in der persönlichen Initiative Hitlers, der das Projekt mit der ihm eigenen Entschlossenheit vorantrieb. Schon 1934 hatte er in dem eigentümlichen sozialistischen Tenor geäußert, mit dem die NSDAP um die Gunst der Arbeiterschaft warb: »Es ist ein bitteres Gefühl, von vornherein Millionen braver, fleißiger Mitmenschen von der Benützung eines Verkehrsinstruments ausgeschlossen zu wissen, das ihnen vor allem an Sonn- und Feiertagen zur Quelle eines unbekannten, freudigen Glücks würde. Man muß den Mut haben, dieses Problem entschlossen und großzügig anzugreifen. Was in einem Jahr nicht gelingen kann, wird — vielleicht — schon in zehn Jahren als selbstverständliche Tatsache hingenommen werden.« (zitiert nach: »Der Spiegel«, IV. Jahrgang, Nr. 18, Sonderheft). Und am 7. März 1934, wiederum bei der Eröffnung der Internationalen Automobil Ausstellung in Berlin, erklärte Hitler u.a.: »Wenn wir wirklich die Kraftwagenbesitzer in Deutschland in die Millionenzahl steigern wollen, dann kann dies nur gelingen, wenn wir seinen Preis anpassen dem finanziellen Leistungsniveau der hierfür in Frage kommenden Millionenmasse der Käufer. Wenn die deutsche Regierung wünscht, daß das deutsche Volk lebendigen Anteil am Kraftwagen nimmt, dann muß aber die Wirtschaft für das deutsche Volk auch den geeigneten Kraftwagen schaffen und bauen. Vor wenigen Monaten erst ist es der deutschen Industrie gelungen, durch die Fabrikation eines neuen Volksempfängers eine enorme Anzahl von Radioapparaten auf den Markt zu bringen und abzusetzen. Ich möchte es nun als die bedeutendste Aufgabe für die deutsche Kraftwagenindustrie hinstellen, immer mehr den Wagen zu konstruieren, der ihr zwangsläufig eine Millionenschicht neuer Käufer erschließt, denn nur wenn es uns gelingt, die breiteste Masse für dieses neue Verkehrsmittel zu erobern, wird nicht nur der volkswirtschaftliche, sondern auch der soziale Nutzen ein unbestreitbarer sein.« (Domarus, S. 370)

Zweifellos hat die Einflußnahme des Diktators die Voraussetzungen vorbereitet für die Realisierung des Volkswagen-Projekts. Der totalitäre Staat konnte die Mittel bereitstellen, derer es für Planung, Erprobung und Fertigung bedurfte. Die Vorgeschichte des Volkswagens von den ersten Entwürfen von 1934 bis zur Vorstellung des KdF-Wagens und bis zur Grundsteinlegung des Werks im Jahre 1938 ist oft beschrieben worden (z.B. bei Boschen, Etzold oder Müller/Eicken), so daß wir uns hier kurz fassen können: Die gesamte Planung lag ab 1934 in den Händen des Konstruktionsbüros von Ferdinand Porsche, dessen Laufbahn alle Voraussetzungen für staatliche Förderung enthielt:
Porsche, 1875 in Reichenberg im Sudetenland geboren, begann seine Karriere 1894 in Wien bei der Vereinigten Elektrizitätsgesellschaft, nachdem er bereits vorher durch seine elektrotechnischen Finessen auf sich aufmerksam gemacht hatte. Seine Stationen führten ihn dann von seiner Stellung als Konstrukteur bei dem kaiserlich königlichen Hoffabrikanten Ludwig Lohner in Wien-Florisdorf, wo er durch den benzinelektrischen Lohner Porsche Mischwagen von sich reden machte, 1905 zu der Austro Daimler AG. Porsche baute dort seinen ersten Benzinmotorwagen und sogar Flugmotoren. Ruhm erntete er mit selbstkonstruierten Rennwagen bei den Prinz-Heinrich-Fahrten 1907 und 1910, die unter der Schirmherrschaft des Prinzen Heinrich, eines Bruders von Kaiser Wilhelm und eines leidenschaftlichen Automobilisten, standen und der damit die Motorisierung im Namen des kaiserlichen Hauses förderte. Für die Skoda-Werke in Pilsen entwickelte Porsche verschiedene Lösungen zum Transport schwerster Lasten (motorisierte Geschützmörser, benzinelektrische Zugmaschinen).
Seine Verdienste um die Motorisierung der österreichischen Kriegstechnik brachten ihm, der inzwischen als Generaldirektor der Austro-Daimler-Werke firmierte, die Ehrendoktorwürde der Technischen Hochschule Wien ein.

Nach dem Ersten Weltkrieg wandte sich Porsche, dem allgemeinen Trend folgend, der Konstruktion von Alltagswagen zu. 1923, im Streit von Austro Daimler geschieden, war er zur Daimler Motoren AG in Stuttgart-Untertürkheim übergewechselt und dort in den Vorstand eingetreten. Mit dem von ihm entwickelten 2-Liter-Kompressor konnte Christian Werner 1924 die Targa Florio gewinnen. Die berühmten kraftvoll-ästhetischen 6-Zylinder-Kompressor S, SS, SSK gehören ebenso zu Porsches Erfolgsbilanz. Permanente Querelen, an denen Porsches cholerisches Temperament nicht unschuldig war, machten der Zusammenarbeit mit Daimler-Benz 1929 ein Ende. Nach kurzer Tätigkeit bei Steyr ließ er sich schließlich mit einem eigenen Konstruktionsbüro in Stuttgart nieder und arbeitete im Auftrag für fremde Hersteller, ähnlich wie heute das Porsche-Entwicklungszentrum in Weisach.
Nachdem nun auch von der Regierung, und zwar von Hitler selbst, die Volkswagen-Planung massiv gefordert wurde, empfahl sich Porsche mit dem Hinweis auf seine bisherige erfolgreiche Tätigkeit und sein neutrales Konstruktionsbüro, das nicht an wirtschaftliche Interessen irgendeiner Firma gebunden war. Der erste Schritt zur Kooperation mit dem Staat war bereits getan worden, als Porsche beim Bau eines Rennwagens die Unterstützung der Regierung genoß. Auch die seit Jahren bestehende Verbindung zu Jakob Werlin, Chef von Daimler-Benz und von früh an Bewunderer, Wegbegleiter und automobilisierter Berater Adolf Hitlers, mag dazu beigetragen haben, daß Porsche Furore machte. Vielleicht aber auch, daß Hitler in Porsche als dem genialen Verwirklicher außerordentlicher Ideen sich gewissermaßen wiederzuerkennen meinte und möglicherweise war es zudem das tiefeingewurzelte Mißtrauen des Aufsteigers Hitler gegenüber Menschen mit bürgerlicher Herkunft, das den autodidaktischen Außenseiter böhmisch-österreichischer Provinzen vorzog — eine gewisse Seelenverwandtschaft möglicherweise, die der Diktator empfand.

Die Geburt des Volkswagens datiert man allgemein nach dem berühmten, von Porsche verfaßten »Exposé betreffend den Bau eines deutschen Volkswagens«, das am 17. Januar 1934 im Reichsverkehrsministerium eingereicht wurde. Porsche faßte darin seine technischen und ökonomischen Vorstellungen in fünf Punkten zusammen. Aufgrund dieses Konzepts schloß der Reichsverband der Automobil-Industrie einen Vertrag über den Bau eines Prototyps des künftigen Volkswagens. Im Exposé war der Rahmen für die technische Konzeption bereits abgesteckt worden: Luftkühlung, Heckmotor, Pendelachse, Hinterradantrieb, Drehstabfederung wurden anvisiert. Die traditionelle Rahmenbauweise mit aufgesetzter und verschraubter Karosserie sollte verschiedene Karosserieversionen ermöglichen.

Die Jahre der Inkubation, in denen der Volkswagen aus dem planerischen Entwurf heraustrat und Gestalt annahm, dauerten von 1934 bis '38. Die Querelen Porsches mit der Automobilindustrie sind nur allzu verständlich bei den tausend Unzulänglichkeiten, die nun offensichtlich wurden: Das Projekt verschlang weitaus mehr Geld als geplant, die vertraglich festgesetzte Zeit konnte Porsche längst nicht einhalten, und außerdem waren die deutschen Autohersteller partout nicht daran interessiert, einen künftigen Konkurrenten zu unterstützen. Ein Problem blieb auch, daß der von Hitler geforderte Endpreis höchstens 1000 Mark betragen sollte. Die kalkulatorischen Finessen mündeten schließlich in das bekannte VW-Sparsystem, das von der Deutschen Arbeitsfront organisiert wurde, eine Art gewerkschaftlichen Zusammenschlusses, in den aber ebenso die ehemaligen Unternehmervereinigungen integriert wurden. Die DAF, eingeteilt in Fachämter und Fachabteilungen und unter der Leitung von Dr. Robert Ley, war freilich auch Trägerin der nationalsozialistischen Gemeinschaft »Kraft durch Freude«, die eine Reihe sozialpolitischer Aktivitäten entfaltete, die das Regime außerordentlich populär machten, wie Reisen, Seefahrten, sportliche Veranstaltungen und ein Volksbildungswerk, und die nun auch den Vertrieb des Volkswagens übernehmen sollte, um die Händlerprovision einzusparen — zum Zweck eines möglichst niedrigen Endpreises.
Prototypen des Volkswagens tauchten ab 1936 in der Öffentlichkeit auf, wenn diese zu Probefahrten unterwegs waren (häufig im Schwarzwald und in den Alpen). Die unschön aussehenden Versuchsfahrzeuge wurden von der SS-Fahrbereitschaft ausgiebigen Tests unterzogen. 1938 erhielt der Volkswagen seine endgültige Form und wurde am Himmelfahrtstag des gleichen Jahres, am 26. Mai, bei der Grundsteinlegung des Werks durch Adolf Hitler der deutschen Öffentlichkeit präsentiert.

Wolfsburg wurde als große Retortenstadt geplant: mit modernen Wohnsiedlungen, Grünflächen, Geschäftsstraßen, Parkstreifen, Hauptverkehrs- und Monumentalstraße, großen Plätzen, Theater, Saalbau, nationalsozialistischen Repräsentationsbauten und natürlich mit Autobahn- und Kanalanschluß. 15 000 Morgen Land waren verplant worden. Die Arbeiten wurden mit aller Hektik vorangetrieben. Die ersten Wohngebäude wurden im März 1938 erstellt. Die Arbeiter wohnten in einem großen Gemeinschaftslager — nach heutigen Maßstäben unter spartanischen Umständen, damals dennoch Ausdruck eines euphorischen Optimismus nach Jahren der Massenarbeitslosigkeit. Mitte September kamen 2400 Italiener zum Ausgleich für deutsche Arbeiter, die zum Bau des Westwalls abkommandiert wurden — deutliche Vorzeichen kommender kriegerischer Ereignisse. Das Dritte Reich propagierte die deutsch-italienische Freundschaft. Für die organisierte gemeinschaftliche Freizeit wurde die Tullio-Cianetti-Halle gebaut, benannt nach dem Präsidenten der faschistischen Arbeiterorganisation Italiens, der auch am 27. Juni 1938 gemeinsam mit Robert Ley den Grundstein dazu legte.

In allen Teilen des Großdeutschen Reiches von Baden bis Ostpreußen wurden Arbeitskräfte angeworben, auch im ehemaligen Österreich und im Sudetenland. 2358 Wohnungen waren bezogen worden. Im Dezember 1941 verfügte die NS-Regierung jedoch die Einstellung aller Arbeiten an der KdF-Stadt. Die Neugestaltung der deutschen Städte war nicht mehr kriegswichtig.

Der KdF-Wagen von 1938

Der Urtyp des Volkswagens (VW/Porsche Typ 60) war technisch keineswegs so originell und modern, wie man heute rückblickend oft meint: Zentralrohrrahmen, luftgekühlter Boxermotor, Heckmotor, Einzelradfederung und Karosserie in Stromlinienform waren schon in den zwanziger Jahren konstruktive Elemente bei zahlreichen Autos. Porsche erfand also die VW-Konstruktion nicht völlig neu, sondern kombinierte geschickt Ideen und Baugruppen, die en vogue waren. Dies schmälert freilich seinen Verdienst nicht.

Die Zentralrohrrahmen-Bauweise übernahm Porsche von Hans Ledwinka, seinem böhmischen Landsmann, der sich damit bei Tatra ausgezeichnet hatte.

Auch die heute so geliebte Maikäferform des VW war seinerzeit nicht so originell und modern, wie man oft meint. Bereits in den zwanziger Jahren hatte der Wiener Paul Jaray (1889 - 1974) sich als Pionier der Aerodynamik und Stromlinienform einen Namen gemacht. Jaray hatte an der technischen Hochschule in Prag studiert und war dann eine Zeitlang im Flugzeugbau tätig gewesen, ehe er sich dem Entwurf von Automobil-Karosserien zuwandte. Er arbeitete dabei für so namhafte Hersteller wie Adler, Alfa Romeo, Audi, Fiat, Hanomag, Mercedes-Benz, Maybach, Peugeot, Skoda, Steyr, Tatra. Am bekanntesten wurde hierzulande sein Adler, Typ »Autobahn«.

Im auto-begeisterten Amerika wurde sogar eine Jaray Streamline Corporation gegründet, die versuchte, Lizenzen zu verkaufen. Indessen übernahmen Chrysler und Ford Jarays Ideen, ohne sich um dessen Rechte zu scheren. Neben dem Wiener Paul Jaray machte sich auch Edmund Rumpler (1872 - 1940) mit seinem berühmten »Tropfenwagen« bekannt, einem höchst futuristischen Auto, das nach Versuchsergebnissen aus dem Windkanal entwickelt wurde.

Die Vorzüge der Stromlinienform lagen auf der Hand: geringer Luftwiderstand, weniger Benzinverbrauch, höhere Geschwindigkeit, geringere Verschmutzung des Wagens, leichte Reinigung, optimale Raumaufteilung (keine überflüssigen Trittbretter), bessere Belüftung, rationelle Fertigung usw. Im Sinne der Raumökonomie war es nur logisch, den Motor bei der Stromlinienkarosserie im Heck anzuordnen. So geschehen auch beim Mercedes 130 H, 170 H oder beim großen Tatra 603. Beim Volkswagen mit seinem flachen Boxermotor ging man diesen Weg nur konsequent weiter.

Beim VW hatte man sich von vornherein für eine moderne Ganzstahlkarosserie (also ohne traditionellen Holzaufbau, wie z.B. noch beim DKW) entschieden, denn damit hatte man den Vorteil, bei der angestrebten rationellen Fertigung nach amerikanischem Vorbild die wenigen Bauteile durch einfaches Punktschweißen miteinander zu verbinden. Die exponierten Teile — Kotflügel, Trittbretter, Stoßstangen — waren angeschraubt und daher bei Unfällen leicht auszutauschen. Die Karosserie wurde aber noch nach alter Väter Sitte auf ein Fahrgestell gesetzt und mit dem Rahmen verschraubt. Bei Opel hatte man 1936 mit dem neuen Olympia schon den Weg zur modernen selbsttragenden Karosserie gewiesen. Die traditionelle Bauweise des VW gewährt freilich höchste Stabilität und macht den schnellen Wechsel des Aufbaus möglich; sie ist indessen kostenintensiv und hat Mitte der siebziger Jahre ihren Teil dazu beigetragen, daß der »Käfer« abgelöst wurde. Mit der alten Rahmenbauweise war das meistgebaute deutsche Auto zu diesem Zeitpunkt ein automobiles Fossil.

Bei der Grundsteinlegung des VW-Werkes 1938 wurden drei Karosserieversionen des KdF-Wagens vorgestellt: Limousine, Kabrio-Limousine und Kabriolett.

Der VW hat bekanntlich einen Vierzylinder-Boxer-Heckmotor. Porsche war aber beileibe nicht von Anfang an auf dieses Konzept eingeschworen. Er experimentierte auch mit Zweizylinder-Zweitaktmotoren, die Mitte der dreißiger Jahre in den DKW-Wagen ihren außergewöhnlich kostengünstigen Betrieb bewiesen hatten und in der Herstellung billig waren.

Beim Volkswagen, der nach Vorgaben der Reichsregierung »autobahnfest« zu sein hatte, erwies sich die Zweitakt-Konzeption aber von Anfang an als wenig tauglich. Franz Reimspieß, der im Porsche-Konstruktionsbüro die Motorenentwicklung betrieb, schlug mit dem luftgekühlten Boxermotor den neuen Weg ein.

Porsche hatte während seiner technischen Laufbahn mehrfach Erfahrungen mit dieser Bauart gemacht. Er selbst hatte 1912/13 einen luftgekühlten Vierzylinder-Boxer-Flugmotor für Austro-

Daimler entwickelt. Die Konstruktion war im Schwang: Mehrere Planungsbüros laborierten daran mit unterschiedlichem Erfolg. Aber die Vorteile des luftgekühlten Boxers lagen auf der Hand: drehsteife Kurbelwelle infolge kurzer Baulänge, guter Massenausgleich, geringer Platzbedarf und niedrige Schwerpunktlage, wenig Gewicht (durch Verwendung von Leichtmetall noch herabgesetzt), rationelle, billige Produktion (kaum teurer als ein Zweitakter). Ein weiterer Vorzug: Die flache Bauweise des Motorblocks eignet sich zudem besonders gut für den Einbau im Heck der Stromlinienkarosserie. Die Zusammenfassung von Motor, Getriebe, Differential ergibt dort einen kompakten Antriebsblock. Aber diese VW-typische Triebwerksanordnung, die bis Mitte der siebziger Jahre noch beim VW 411/412 und sogar noch beim VW-Bus der dritten Generation (ab 1979) unabdingbar war, ist keine ureigene Erfindung des Porsche-Konstruktionsbüros, sondern geht zurück auf eine Planskizze des Konstrukteurs Bela Berenyi von 1926 und wurde erstmals bei einem Experimentalfahrzeug von Hanomag im Jahre 1932 realisiert.
Der VW-Motor hatte in seiner ursprünglichen Ausführung nur 985 cm^3 Hubraum und 23,5 PS. Ab März 1943 wurde in alle Volkswagen die stärkere Maschine des Schwimmwagens eingebaut (1131 cm^3/24,5 PS). Das mag heute sehr wenig erscheinen, aber andere Wagen dieser Klasse hatten damals auch nicht mehr. Die sprichwörtliche lange Lebensdauer des VW-Motors, zumindest bis etwa 1960, hat ihre Ursache in dem niedrigen Wert für den spezifischen Kolbenweg, das heißt den auf die Fahrstrecke bezogenen Kolbenweg, denn der VW war von Anfang an als Kurzhuber konzipiert. In einer Zeit, in der die Motoren in der Regel nach 40 bis 50 000 Kilometer überholt werden mußten, brachte es der Volkswagen auf mindestens 100 000.

Wer heute Gelegenheit hat, von einem modernen Kleinwagen in einen älteren VW-Standard oder gar einen KdF-Wagen — wenn auch nur probeweise — umzusteigen, wird böse enttäuscht sein und das Auto als eine arge Zumutung empfinden:
Die Federung des Ur-VW war hart und wenig gedämpft. Wie mochte man ihr schlechtes Ansprechen seinerzeit auf den harten Kopfsteinpflasterstraßen und den vielerorts noch unbefestigten Staubstraßen empfunden haben!
Kein Wunder, daß die komfortgewohnten Amerikaner, die den VW nach dem Krieg inspizierten, kein gutes Haar an ihm ließen. Die später in Testberichten immer wieder gelobte, verfeinerte Federung des Käfers war das Ergebnis jahrzehntelanger mühsamer Kleinarbeit. Auf der anderen Seite hatte der VW von Anfang an Einzelradaufhängung, die es sonst nur bei noblen Wagen gab, und damit war er auf den schlechten Straßen der dreißiger und vierziger Jahre angenehmer zu fahren als alle die weitverbreiteten Autos mit simplen Starrachsen.
Alte VW-Fahrer werden sich auch noch an das singende und heulende Getriebe erinnern. Das unsynchronisierte Getriebe (mit integriertem Differential) verlangt viel Geschick und Einfühlungsvermögen: Zwischen dem Aus- und Einkuppeln muß je nach Drehzahl und Betriebstemperatur mehr oder weniger (und fein dosiert!) Zwischengas gegeben werden: Wer je einen VW-Standard bis Baujahr 1964 gefahren hat, kennt das umständliche Schalten mit Zwischengas noch aus eigener leidvoller Erfahrung. Zwischen drittem und viertem Gang ist das Schalten völlig problemlos, in den unteren Gängen kann es auch beim versierten Fahrer einmal krachen. Das unsynchronisierte Getriebe war zudem klar unterlegen, wo es auf raschen Gangwechsel ankommt: im dichten Stadtverkehr, bei Spitzkehren im Gebirge und bei Steigungen. Freilich gab es im Porsche-Stab schon 1938/40 Versuchsgetriebe mit Synchronisierung, Doppelkupplung und Automatik.

Der Volkswagen hatte in seiner ursprünglichen Ausführung mechanische Bremsen (»Seilzugbremsen«), die vom Fahrer einen hohen Pedaldruck erwarten. Beim nobleren Export-Modell, das im August 1949 eingeführt wurde, ging man alsbald, nämlich im Mai 1950, zur hydraulischen Bremse über, die nun einmal gleichmäßiger und feiner anspricht. Der schlichte VW-Standard behielt zum Schrecken vieler VW-Besitzer die antiquierte Seilzugbremse bis April 1962. Der hohe Pedaldruck und das rechts- und linksseitige Ziehen (auch bei gut eingestellten Bremsen) machten den Besitzern viel Ärger, wenn der TÜV anstand.
Die Seilzugbremse war indes besser als ihr Ruf: Wurden die Seile gut gewartet, regelmäßig gefettet und eingestellt, zogen sie recht ordentlich. Denn immerhin: Die urigen Standard-Käfer, auch die alten Kübel- und Schwimmwagen wurden bis weit in die sechziger Jahre, oft sogar mit An-

hänger, gefahren, und von vielen Leuten für die Urlaubsreise ins Bayrische, nach Tirol oder wer weiß wohin benutzt: bergab im zweiten Gang mit Motorbremse und den Fuß fest auf das Bremspedal gestemmt. Auch die etwas schwergängige, nicht spielfreie Spindellenkung ist nicht gerade ein Quell der reinen Freude. Zudem merkt man beim Überqueren von Straßenbahnschienen und auf Kopfsteinpflasterstraßen am heftigen Stoßen der Lenkung das Fehlen eines Lenkungsstoßdämpfers.

Kurzum: An heutigen Maßstäben gemessen, war der Volkswagen kahl und mager ausgestattet, spartanisch gepolstert, schlecht gefedert, mit einem schrecklichen Getriebe, mäßigen Bremsen und einem lahmen Motor ausgerüstet.

Als preiswertes Einfachstauto für jedermann war der KdF-Wagen von 1938 aber eine beachtliche Leistung — den Konkurrenten ebenbürtig, wenn nicht in vielen Punkten überlegen, und im Gegensatz zu den vielen Kleinstvehikeln jener Tage eben doch ein richtiges Auto mit reichlich Platz, einem durchzugskräftigen Motor, mit außerordentlicher Ausreifung und Wirtschaftlichkeit und einem guten Soliditätseindruck: in den Anfängen des motorisierten Individualverkehrs ein Zweckfahrzeug höchster Haltbarkeit. Außerdem wurde der VW von Anfang an nie als Kleinwagen eingestuft; er wirkte nicht puppig. Die Karosserie war formal perfekt, und das Volksauto hatte eine zeitlose Form.
Die NS-Werbung stellte den Volkswagen als Auto für Freizeit und Arbeit heraus: für die gelegentliche Fahrt ins Wochenende und in der Landwirtschaft als Lastesel mit Gepäck und Anhänger. Bei der kalkulierten Großserienproduktion wäre auch der errechnete Preis von 990 Reichsmark durchaus realistisch gewesen (Preise zum Vergleich: Opel Kadett: 2100 RM, DKW Meisterklasse 2350 RM, Ford Taunus 2870 RM, Adler Triumph Junior 2950 RM).
Nach der Grundsteinlegung des VW-Werks bei Fallersleben wurde der KdF-Wagen in vielen deutschen Städten gezeigt und für ihn mit Broschüren, Prospektmaterial und in Zeitschriften geworben. Das vom Staat propagierte Sparsystem lief auf Hochtouren. 1938/40 wurden 54 KdF-Wagen und sechs Kabrios gebaut. Am 15. August 1940 verließ das erste verkaufsfähige VW das Werk. Die Serienproduktion begann am 11. Juli 1941, der offizielle Lieferbeginn am 3. September. Die Herstellung der Limousine endete kriegsbedingt am 17. August 1944. 630 geschlossene und 13 offene KdF-Wagen wurden bis dato fertiggestellt (ohne Geländelimousine). Die meisten dieser Fahrzeuge gingen an Dienststellen der Partei, des Staates oder Werksangehörige.

Der VW als Funkmeßwagen

Autobahn und Volkswagen gehörten neben der Arbeitsbeschaffung und den sozialen Einrichtungen zu den Erfolgen, die das Regime beim Volk populär machte.

Eine Parade von Volkswagen, die anläßlich einer Propaganda-Aktion 1938 präsentiert wurden. Man beachte die merkwürdige Form der vorderen Kotflügel mit dem sonderbaren »Kamm« über dem Scheinwerfer.

Sondereinsatz von KdF-Wagen.

April/Mai 1939.

26.4.39	Modellschau Berlin(Pg.Meurer ca.8 Wochen)	1 Wagen
29.4.-2.5.	Deutsch-amerikan.Petrol.Ges.Hamburg, Neuer Jungfernstieg 21	1 Wagen
1.-3.5.	Presse-und Filmfahrt Nürburgring Hotel Nürburg, Adenau	3 Wagen
5.-1[illegible].5.	Ostpreussenfahrt Königsberg z.V. Korpführer Hühnlein	1 Wagen
~~7.5.~~	~~Hamburger Stadtparkrennen~~	~~2 Wagen~~
10.-14.5.	Breslauer Messe (Gauwagenwart Schlesien,Breslau 1 Klosterstr.8)	1 Wagen
13.-19.5.	Gau-und Kulturtagung in Stettin (Gauwagenwart Pommern,Stettin,Heiligengeiststrasse 7 a)	1 Wagen
21.5.	Eifelrennen	3 Wagen
25.5.	Berlin, Ufafilm(10-14 Tage)	2 Wagen Cabrio

Juni 1939.

1.-12.6.	Ostmarkschau in Passau,Nibelungenhalle Gauwagenwart Bayreuth,Friedrichstrasse 39	3 Wagen
1.-24.6.	Deutschlandfahrt Pressewagen	1 Wagen Cabrio
8.-15.6.	Berlin, Ufa	2 Wagen
18.6.	Motorradrennen Nürnberg	2 Wagen

Juli 1939.

10.7.	Berlin, Großaufnahmen für Ufa	10 Wagen

Stgt.-Zuffenhausen, 26.4.1939. Koh/Ra.

Auf Großglocknerfahrt mit dem VW im Jahr 1938. Überall, wo der neue KdF-Wagen auftaucht, wird er neugierig bewundert.

Gemeinschaftslager Volkswagenwerk

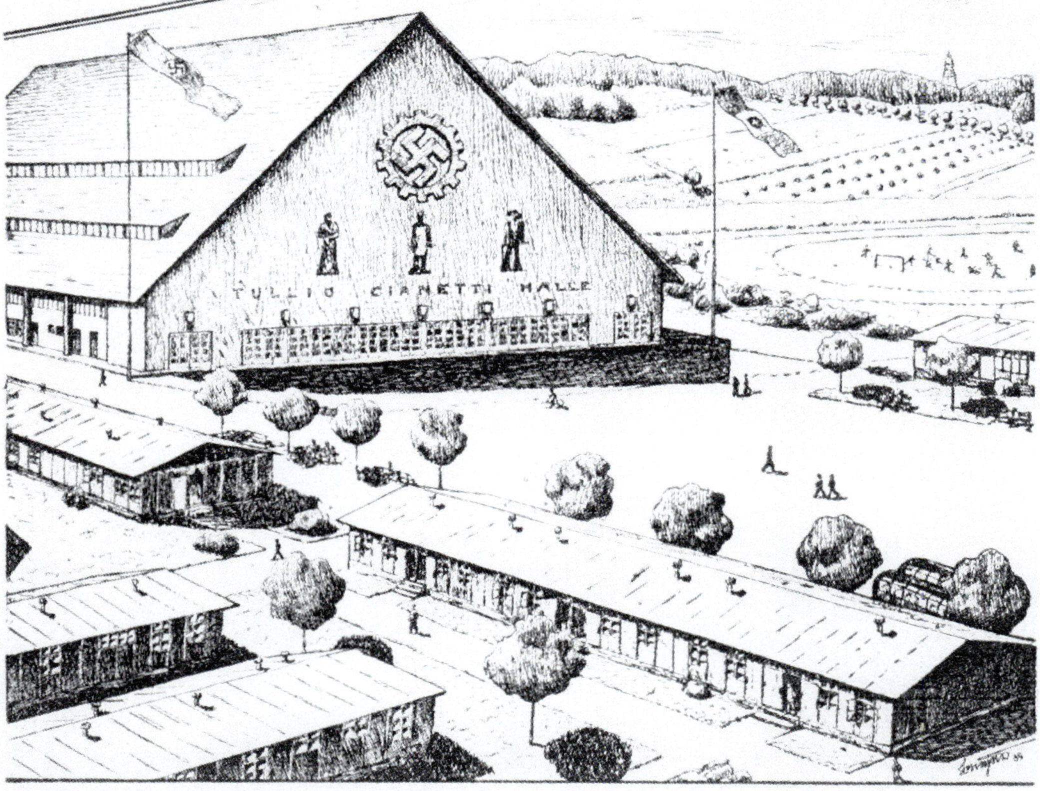

Werkzeitschrift

des Gemeinschaftslagers Volkswagenwerk

Jahrgang 1 Stadt des KdF.-Wagens, Februar 1939 Folge 1

Die Cianetti-Halle wurde für die organisierte Freizeit- und Propagandaveranstaltungen gebaut. Sie hat ihren Namen von Tullio Cianetti, dem Präsidenten der faschistischen Arbeiterorganisation Italiens. Cianetti hat gemeinsam mit Dr. Robert Ley, dem Leiter der Deutschen Arbeitsfront, am 27. Juni 1938 den Grundstein gelegt.

Ein VW-Kabrio (Porsche Typ 60), fotographiert auf der Reichsautobahn bei Stuttgart, 1941. Die Richtungswinker sind am vorderen Fensterrahmen schräg montiert.

Das abgebildete Kabriolett hat eine besonders noble Ausstattung: Ledersitze, Radio, helles Lenkrad und helle Schalter. Auch die helle Lackierung war ein feines Extra, denn die Einheitsfarbe des VW war graublauschwarz. Auf ein bemerkenswertes Detail ist noch hinzuweisen: Das Scheibenwischgestänge liegt außen.

Ein Invalidenfahrzeug, 1939 (Porsche Typ 67)

Kübelwagen vor dem Zweiten Weltkrieg

Ab 1924 begann die Reichswehrführung die von den Siegermächten des Ersten Weltkrieges auferlegten Versailler Bestimmungen im Rahmen des Heeresneuaufbaus zu überwinden und den Sanktionen der Entente entgegenzuwirken. Mit dem Ende des Krisenjahres 1923 schienen sich die wirtschaftlichen und politischen Verhältnisse in Deutschland stabilisiert zu haben, so daß nunmehr die Voraussetzungen für eine künftige effiziente Rüstungswirtschaft gegeben schienen. Die Reorganisation der Reichswehr zu einer schlagkräftigen Wehrmacht, die das Deutsche Reich nach außen schützen sollte, sah nach den Vorstellungen des Chefs der Heeresleitung, des Generalobersten Hans von Seeckt, auch die volle Motorisierung der verbliebenen und vorläufigen sieben Divisionen als mobile Streitkräfte vor, denn die Erfahrungen des Ersten Weltkrieges hatten die Bedeutung des Automobils im Fronteinsatz nachdrücklich gezeigt.

In den frühen zwanziger Jahren mußten sich die Reichswehr-Einheiten mit handelsüblichen PKWs zufrieden geben, da aufgrund der angespannten Finanzlage sowohl im militärischen Etat wie auch auf der Herstellerseite die Entwicklung spezieller, dem militärischen Einsatz entsprechender Kraftfahrzeuge nicht möglich war. Wegen des geringen Kaufpreises und der zu erwartenden niedrigen Unterhaltskosten favorisierte die Heeresleitung die Kleinwagen oder PKW der mittleren Hubraumklassen, so daß sogar ein Winzling wie der BMW-Dixi beim Militär Einzug halten konnte.

Bei der Auswahl der zu beschaffenden Fahrzeuge waren freilich Kriterien maßgebend, die durch den Einsatzzweck vorgegeben waren. So wurden Wagen mit Frontantrieb wegen der damals noch recht anfälligen Technik grundsätzlich erst gar nicht in Erwägung gezogen. Die militärische Führung legte Wert auf Hinterachsantrieb und robuste Starrachsen. Ab etwa 1930 wurden auch Fahrzeuge mit Schwingachschassis zu Testzwecken herangezogen.

Völlig unverändert — abgesehen vom militärischen Tarnanstrich — blieben in der Regel nur geschlossene PKW. Natürlich gab man dem offenen Aufbau entschieden den Vorzug, weil der militärische Einsatz meist schnelles Ein- und Aussteigen oder Abspringen erforderte. Zum Schutz gegen Nässe und Wind gab es lediglich ein schlichtes Zeltplanverdeck und aufrollbare Seitenplanen (anstelle von Türen). Die körpergerecht geformten Schalensitze gaben seitlichen Halt und Schutz gegen plötzliches seitliches Herausfallen und bekamen wegen ihres Aussehens im Soldatenjargon bald die Bezeichnung »Kübelsitze«: daher »Kübelsitzwagen« oder einfach »Kübelwagen«. Der Ausdruck wurde bei allen späteren offenen Gelände-PKW beibehalten, selbst wenn diese gar nicht mehr mit Kübelsitzen ausgerüstet waren, wie z.B. beim Volkswagen Typ 82 (der schon deshalb auf Kübelsitze verzichtete, weil er feste Türen hat) oder beim VW 181 (Bundeswehr).
Um die Personenwagen für den Geländeeinsatz tauglicher zu machen, wurden einige Änderungen vorgenommen. So wurden z.B. die Übersetzung der Hinterachse vergrößert, Sperrdifferentiale eingebaut und die Federung verstärkt. Zwecks Erhöhung der Bodenfreiheit wurden größere Räder montiert und störende Teile, wie Auspuff oder Bremsgestänge, versetzt: Maßnahmen, die ab 1940 zum Teil auch bei den militärischen Versionen des Volkswagen vorgenommen wurden.

Die Konstruktion der Kübelwagen erfolgte im Verbund der Reichswehr mit der deutschen Industrie. Daimler-Benz, Horch und Wanderer bauten komplette Kübelwagen; andere Firmen lieferten Fahrgestelle, die von einschlägigen Karosseriefirmen komplettiert wurden.
Die höchst unvorteilhafte Modellvielfalt hatte ihren Grund darin, daß die Kommandeure der Wehrkreise bei der Ausrüstung ihres Fuhrparks frei entscheiden konnten und dabei ortsansässigen Firmen meist der Vorzug gegeben wurde (z.B. Stoewer in Stettin im Wehrkreis II). Auf der anderen Seite wollte aber auch das Reichswehrministerium der durch Inflation und Wirtschaftskrise schwer geschädigten deutschen Automobilindustrie unter die Arme greifen und möglichst viele Firmen berücksichtigen. Da man sich zudem weitgehend auf handelsübliche Typen stützte,

die nun einmal einem permanenten Modellwechsel unterliegen, resultierte daraus ein ziemliches Typen-Wirr-Warr.

Zu den ersten Kübelwagen zählten der Adler-Favorit, der Hanomag 3/16 PS und der Wanderer W 11 (alle ab 1928/29). Sukzessive folgten andere Fahrzeuge verschiedener Hersteller, eingeteilt nach Leicht- oder Schwergewichtlern: Zu den leichten geländegängigen PKW zählten die BMW 309 (4 Zyl., 1934) und 315 (6 Zyl., 1934), von Hanomag die Typen 3/16 PS, 4/20 PS (1930), 4/23 PS (1932) und ab 1934 Garant, Kurier, Rekord. Und natürlich gehören in diese Gruppe ab 1940/42 die militärischen Versionen des Volkswagens (Kübel, Schwimmwagen, VW-Käfer). Eine Klasse höher bei den mittleren geländegängigen PKW waren von Adler die Typen Standard 6 vertreten, der Horch 8-30 (8 Zyl.), die Mercedes Stuttgart 8/38 und 10/50 und die Typen 260 und 290 u.a.
Als schwere geländegängige PKW traten dann meist leichte LKW auf: Mercedes 1500 A, Steyr 1500 A.

Das im Zeichen der ab 1933 anlaufenden Aufrüstungspolitik geforderte hochmodern bewaffnete und motorisierte Heer setzte auch im Kfz-Wesen neue Akzente. Die von Hitler erwartete offensiv-schlagkräftige Wehrmacht mußte vor allem auch auf dem Gefechtsfeld, beweglich sein. Entsprechend groß war der Kfz-Bedarf der Wehrmacht. Mit dem Wirtschaftsaufschwung in den dreißiger Jahren fielen auch die finanziellen Beschränkungen.

Um die handelsüblichen Personenwagen auf ihre militärische Geländetauglichkeit hin zu testen, stieß die Reichswehr mit offenen Kübel- und Geländesportwagen auch zu den bekannten, vom Deutschen Automobilclub organisierten Geschicklichkeits- und Wettbewerbsfahrten über Stock und Stein in den deutschen Mittelgebirgen. Populär waren die Schwarzwald-Höhenfahrten, die Dreitage-Harzfahrt, die Geländefahrten in Bayern, Brandenburg und Ostpreußen.

Bei den Geländesportfahrten, die ab 1933 in staatliche Regie übernommen und vom »Nationalsozialistischen Kraftfahrkorps« (NSKK) organisiert wurden, wurden die Fahrzeuge oft bei den winterlichen Fährnissen auf ihre Zweckmäßigkeit, Belastbarkeit und Robustheit hin geprüft. Fast alle Fahrzeuge waren hier serienmäßige offene PKW, also Kabrioletts oder Roadster, genau besehen mit den braven Motoren noch nicht einmal echte Sportwagen, sondern lediglich biedere Alltagswagen mit sportlich offener Karosserie: also auch ohne Allrad-Antrieb, Differentialsperre, Kriech- oder Geländegang. Die Leistungen abseits der Straße, im unwegsamen Querfeldein, im Morast und Schlamm und an schweren Steigungen waren, am Durchkommen heutiger Geländewagen gemessen, begrenzt. Dennoch waren diese Geländefahrten als Test- und Zuverlässigkeitsfahrten zwecks Materialerprobung unter extremen Bedingungen wichtig für die Firmen, die noch keine eigenen Versuchsstrecken hatten. Und der Staat hatte natürlich daran im Sinne einer paramilitärischen Ausbildung der Fahrer ebenfalls ein Interesse. NSKK-Führer Konrad Hühnlein erklärte: »Der Kraftfahrtsport ist zum Volkssport geworden, zum Dienst an der Nation«.
Zum wenigsten gingen deshalb Privatfahrer an den Start; die überwiegende Mehrheit der Teilnehmer rekrutierte sich aus den Werksmannschaften, der Reichswehr bzw. der Wehrmacht (ab 1935), den Organisationen der Partei, aus dem Deutschen Automobil Club.
Mit recht guten Ergebnissen schnitten bei diesen Fahrten ab: der Hanomag Rekord (1,5 Liter, 4 Zylinder, obengesteuert, 35 PS, Bj. 1933/39) und der Sturm (2,3 Liter, 6 Zylinder, obengesteuert, 57 PS, Bj. 34/39), der Wanderer W 40 (2 Liter, 6 Zylinder, obengesteuert, 40 PS, Bj.) die DKW-Typen Reichsklasse (0,6 Liter, 2 Zylinder, Zweitakt, 18 PS, Bj. 35/39) und Meisterklasse (0,7 Liter, 2 Zylinder, Zweitakt, 20 PS, Bj. 35/39), der Opel Super 6 (2,5 Liter, 6 Zylinder, 55 PS; der gleiche Motor wie im »Kapitän« nach dem Krieg). Gut schlug sich auch der Adler Triumph (1,5 und 1,7 Liter, 4 Zylinder, seitengesteuert, 30, 38 und 45 PS), den es sogar mit einem merkwürdig abgewinkelten Spezial-Fahrgestell gab. Hingegen enttäuschte der Mercedes 130 Kübel mit Heckmotor, der dem später so geschätzten VW-Kübelwagen konstruktiv nahestand.

Um der unrationellen Typenvielfalt zu begegnen, wurde der Gedanke eines Einheitstyps favorisiert, der insbesondere nach 1933 beim Aufbau der Wehrmacht lebhaften Widerhall fand. Entsprechend der bisherigen Einteilung nach leichten, mittleren und schweren geländegängigen PKW wurden auch die Fahrgestelle für den Einheits-PKW klassifiziert. Mit der Entwicklung des E-PKWs waren nach Vorgaben des Heereswaffenamtes (u.a. Allrad-Antrieb und Allrad-Lenkung) verschiedene Firmen beauftragt worden. Man versprach sich vom Einheitstyp eine wirtschaftliche Massenproduktion, Standardisierung und Typisierung der Aggregate und leichte Austauschbarkeit der Teile. In Hinsicht auf den rapid zunehmenden Fahrzeugbestand sollten Lagerhaltung, Instandsetzung und Nachschub im Kriegsfall radikal vereinfacht werden.

Zunächst erhielten die Stoewer-Werke in Stettin den Auftrag zur Herstellung eines leichten Einheits-Geländewagens. Auf der Internationalen Automobil-Ausstellung 1936 wurde das fertige Exemplar der Öffentlichkeit präsentiert. Da Stoewer aber nicht genügend Fertigungskapazitäten hatte, wurden 1937 auch BMW und Hanomag (Hannover) mit der Herstellung weiterer Serien bedacht. So einheitlich, wie der Name erwarten läßt, waren diese lei. E-PKWs dennoch nicht. Es gab je nach Hersteller unterschiedliche Motoren mit verschiedener Zylinderzahl (4 oder 6) mit jeweils wiederum unterschiedlichem Hubraum (1,8 und 2 Liter, 42 oder 50 PS), mechanische und hydraulische Bremsanlagen, Zwei- und Vierrad-Lenkung, Allrad- oder Zweiradantrieb usw. Der Austausch einzelner Aggregate war daher nur unter großen Schwierigkeiten möglich.

Leider haben auch die Praxiserfahrungen die in den leichten Einheits-PKW gesetzten Erwartungen herb enttäuscht. Das Fahrzeug war in der Herstellung viel zu teuer, zu schwer im Gelände, kompliziert und reparaturanfällig. Die oft kapitalen Schäden waren Grund für den häufigen Ausfall. Die Produktion wurde folgerichtig ab 1940 gedrosselt, schließlich ganz eingestellt. An seine Stelle traten dann der Mercedes 170 V mit Kübelaufbau und schließlich der VW-Kübelwagen, der ab 1940 in größeren Stückzahlen vom Band lief und der Truppe zur Verfügung stand. Beide Fahrzeuge hatten keinen Allrad-Antrieb, waren aber äußerst robust und zuverlässig. Ohne Frage war der Volkswagen dem Mercedes als Geländewagen überlegen. Der 170 VK war zu schwer und hatte nur geringe Bodenfreiheit. Dagegen konnte der VW-Kübel sein Leichtgewicht, die hochbeinige Bauart und die bekannten VW-Vorteile ausspielen: Heckantrieb belastet durch Motor, Luftkühlung und Ölkühler (günstig bei extremen Klimaten, wie auf dem afrikanischen und russischen Kriegsschauplatz).

Schon ein oberflächlicher Vergleich zeigt, daß die Konzeption des VW-Kübelwagens richtig war:

	lei. E.-Pkw	MB 170 VK	VW-Kübel
Gewicht (kg)	1 775	1 235	725
Bodenfreiheit (mm)	235	200	290
Benzinverbrauch (L)	17-25	13	8

Werner Oswald schreibt zutreffend: »Niemand vor Porsche war darauf gekommen, daß es zweckmäßig sein könnte, auch Geländewagen ganz leicht und einfach, statt massiv und kompliziert zu bauen. Auch hielt er richtigerweise einen kleinen, luftgekühlten Einliter-Motor für völlig genügend«.

Für eine einfache, simple Konstruktion trat im übrigen seinerzeit schon Hitler selbst ein. Am 9. April 1942 äußerte er gesprächsweise: »Aus militärischen Gründen sei eine Beschränkung der deutschen Autoproduktion auf zehn bis zwölf Typen nach dem Kriege erforderlich, um das Genie unserer Erfinder auf eine weitgehende Motorvereinfachung hinzulenken. . . Das Wichtigste sei aber, daß man einen Einheitsmotor schaffe, den man sowohl in Feldküchen als in Krankenwagen, ferner in Aufklärungsfahrzeugen, in Schleppern und Zugmaschinen für schwere Infanteriegeschütze einbauen könne. Der 28 PS-Motor des Volkswagens würde für diese militärischen Zwecke durchaus ausreichen. Gerade dieser Krieg sei der beste Beweis dafür, daß man im Kriege mit Höchstgeschwindigkeiten nichts anfangen könne. Von der ganzen Autoraserei müßten wir deshalb unbedingt wieder loskommen. Der anzustrebende Einheitsmotor . . . müsse leicht auswechselbar sein, da — wie dieser Krieg lehre — die Beschaffung von Ersatzteilen mehr Schwierigkeiten mache, als aus einem Fahrzeug, bei dem lediglich das Chassis kaputt sei, den intakt gebliebenen Motor zu übernehmen.« (zitiert nach: Henry Picker/Heinrich Hoffmann: Hitlers Tischgespräche)

Personenwagen und Krafträder bei der Wehrmacht

Da die Deutsche Wehrmacht bei Kriegsbeginn über keinen tauglichen leichten Geländewagen (lei. Pkw) in ausreichender Stückzahl verfügte, wurden den verschiedenen Einheiten zunächst viele requirierte Fahrzeuge aus Privatbesitz zugewiesen.
Die großen und schweren Personenwagen von Audi, Horch, Mercedes und Maybach können hier außer Betracht bleiben, denn sie gehören nicht in die unmittelbare Nachbarschaft unserer Volkswagen und blieben höheren Offizieren, Befehlshabern oder den Stäben vorbehalten. Den kleineren zivilen PKW, etwa in der Hubraumklasse zwischen 1,3 und 2,5 Liter, konnte man hingegen überall im militärischen Einsatz begegnen. Diese handelsüblichen Limousinen, Kabrioletts oder Kabrio-Limousinen, die man lediglich mit stumpfen Militärfarben getarnt und taktischen Zeichen markiert hat, waren freilich nicht für die militärische Verwendung entwickelt worden und deshalb meist nur eingeschränkt brauchbar, z.B. im rückwärtigen Gebiet, im Zubringerdienst, bei den Heimatkasernen, für die Besatzungstruppen.
Gut bewährt haben sich die verschiedenen Typen von Opel, besonders der Olympia und der Super 6 mit ihrem robusten Fahrwerk und den zuverlässig laufenden Motoren. Das Olympia-Kabriolett wurde häufig als Kolonnenführungsfahrzeug eingesetzt. Da Opel vor dem Krieg in Deutschland die meist gefahrene Automobilmarke war und zudem viele Opel-Wagen exportiert wurden — u.a. nach Holland, Belgien und Dänemark — waren viele eingezogene Opel bei der Wehrmacht anzutreffen.

Auch die meisten zivilen Ford-PKW wurden zum Kriegsdienst herangezogen, vor allem die Typen Eifel und V 8.
Der größere V 8 wurde aufgrund seiner massiven Konstitution oft für schwierigen Einsatz präpariert und entsprechend umgebaut: als Zug- bzw. Protzwagen, Funk- oder Sanitätswagen mit Kastenaufbau oder aufgeschweißtem Gerätekasten.
In größerer Stückzahl lief der Mercedes 170 V als Kübelwagen (170 VK). Von ihm wurden in den Jahren 1938 bis 42 immerhin 19 000 Exemplare gebaut. Und damit erreichte er nach dem VW-Kübel immerhin den Platz 2 der meistgebauten Kübelwagen. Aber auch die 170-Limousine und die 170-Kabrios aus ziviler Produktion wurden dienstverpflichtet und natürlich allen anderen gleichwertigen offenen oder geschlossenen deutschen PKW, wie z.B. Adler, BMW, Horch, Steyr, Stoewer oder Wanderer.

DKW — vor dem Krieg in Deutschland eine populäre und weit verbreitete Marke — blieb vom Kriegsdienst weitgehend verschont. Die schwächlichen Zweizylinder F 5, F 7, F 8 mit der kunstlederüberspannten Holzkarosserie waren dazu nicht geeignet. Vom Typ »Sonderklasse« gab es zwar auch eine Ausführung als Kübelwagen, aber DKW war mit seinem Zweitakt-Konzept von vornherein fehl am Platz.
Zu den deutschen Marken kamen ab 1939 die tschechischen Fabrikate Skoda und Tatra aus dem neu geschaffenen »Protektorat« Böhmen und Mähren. Im Laufe des Krieges fielen der Wehrmacht natürlich auch zahlreiche Beute-PKW englischer oder französischer Provenienz in die Hände. In beträchtlicher Anzahl liefen nun auch beim deutschen Militär die Marken Austin, Morris, Wolseley, Citroen, Peugeot und Renault. Viele davon, wie der berühmte Citroen 11 CV, wurden auf Rußlands Schlammpisten verschlissen. Die Franzosen waren überhaupt stark vertreten, weil die französischen Automobilfabriken nach der Besetzung Frankreichs in die deutsche Rüstungswirtschaft miteinbezogen wurden.

Der Hauptnachteil der eingezogenen PKW ergab sich aus der geringen Bodenfreiheit dieser Autos. Außerdem waren die Federungen, Stoßdämpfer, Lenkungen etc. meist viel zu schwach, um den extremen Anforderungen gewachsen zu sein.

Allen Anstrengungen zum Trotz herrschte im Deutschen Reich während des Krieges ein chronischer Fahrzeugmangel — selbst dann als der VW-Kübel als universales leichtes Einsatzfahrzeug in größerer Stückzahl zur Truppe kam. Ein Vergleich zwischen der deutschen und der amerikanischen Produktion zeigt drastisch die Schwächen der deutschen Motorisierung: Während im Reich etwa 52 000 Kübel vom Band an die Front rollten, waren es in den USA 650 000 Jeep. Das triste Bild verschiebt sich kaum, wenn man noch die rund 15 000 VW-Schwimmwagen und die 14 000 leichten Einheits-PKW von Stoewer, BMW und Hanomag hinzunimmt, zumal die letzteren wegen ihrer hohen Reparaturanfälligkeit schnell ausschieden.

Der Volkswagen-Kübel, der ab 1940/41 als leichter Geländewagen immer mehr Verwendung fand, war rundum ein gelungener Entwurf: leicht, robust, extrem zuverlässig, wirtschaftlich im Unterhalt und billig in der Herstellung. Er sollte daher zusammen mit dem Sproß aus der gleichen Familie, dem Schwimmwagen, auch einen Großteil der Kräder oder Gespanne ablösen, die im Geländeeinsatz oft sehr schnell kapitulieren mußten. Anfang Januar 1943 gab Hitler Anweisung, die Produktion des Volkskübelwagens zu Lasten der Krafträder mit Seitenwagen zu steigern, sobald die Umstellung von Magnesium beim VW erfolgt sei. Der Volkswagen, so stellte er fest, ist überlegen, schon wegen seiner Möglichkeit, auch einen Anhänger mitzunehmen. Er ist deshalb auch die Zukunftslösung, da er mehr Kampfkraft hat, der Fahrer gegen Staub, Kälte und Wind geschützt ist und sein Aufwand wesentlich geringer ist.

Dabei hatte die Zukunft der Motorräder beim Militär zunächst hoffnungsvoll begonnen. Krafträder mit Seitenwagen hatte man schon im Ersten Weltkrieg als fahrbare Maschinengewehrstellung und im schnellen Kurierdienst geschätzt. Das Motorrad konnte im Vergleich zu den seinerzeit noch sehr behäbigen und schwerfälligen Autos seine Leichtigkeit, Schnelligkeit und Beweglichkeit unter Beweis stellen. Seine Wirtschaftlichkeit und die geringen Gestehungskosten waren ein weiterer entscheidender Vorzug. Folgerichtig wurde mit der Neuorganisation der Reichswehr ab 1927 sein Einsatzbereich bei Aufklärungs-, Verbindungs- und Nachschubeinheiten und im taktischen Einsatz erheblich erweitert. Gespanne mit bewaffneten Soldaten als sehr schnell bewegliche Angriffseinheiten wurden in eigenen Kradkompagnien zusammengestellt.

Mit dem Neuaufbau der Wehrmacht 1935 erschienen die Kradschützen als eigene Waffengattung. Im Westfeldzug haben sich die Kradeinheiten gut bewährt. Mit dem Ausgreifen des Krieges nach dem Balkan, nach Afrika und der Sowjetunion traten die Grenzen der Leistungsfähigkeit indessen schnell zu Tage. In dem gut ausgebauten Straßennetz in Westeuropa und in den dort allenthalben kultivierten Landschaften waren die Kradschützen mit Erfolg schnell einsetzbar. Die unwegsamen Gebiete des Ostens überforderten sie meist. Die schweren Gespanne blieben nur allzu leicht im russischen Schlamm stecken. Bei Kolonnenfahrten auf ausgefahrenen und staubigen Pisten, im Querfeldein und auf den Bergfahrten in den Ländern des Balkan wurden die Maschinen mehr als sie verkraften konnten strapaziert.
Als Ersatz für die untauglichen Kradgespanne kamen ab 1941 mehr und mehr die beiden geländegängigen, robusten Volkswagen zur Truppe, die obendrein billiger waren (Preis für den VW-Kübel: 2945 RM, für Zündapp KS 750 mit angetriebenem Seitenwagen doppelt so viel). Viele Kübel- und besonders Schwimmwagen findet man daher, wie die Bilder in diesem Buch eindrucksvoll zeigen bei Stoßtrupps und Aufklärungseinheiten. Der VW-Schwimmer mit seinem Allrad-Antrieb und seiner kurzen, kompakten und abgerundeten Karosserie war dafür geradezu prädestiniert, daher auch seine häufige Bezeichnung als »Kradschützenwagen«.

Der Volkswagen als Militärfahrzeug

Kübelwagen

In dem von Porsche 1934 ausgearbeiteten »Exposé, betreffend den Bau eines deutschen Volkswagens«, das dem Reichsverkehrsministerium vorgelegt wurde, war der Rahmen für die technische Konzeption des Volkswagens abgesteckt worden: Luftkühlung, Heckmotor, Pendelachse, Hinterradantrieb, Drehstabfederung wurden anvisiert. Die traditionelle Rahmenbauweise mit aufgesetzter und verschraubter Karosserie ließ verschiedene Aufbauten zu: Voraussetzung für die Konstruktion einer offenen militärischen Variante.

1938 begannen die Vorarbeiten für die militärische Verwendbarkeit des VW, aus denen schließlich der bekannte Kübelwagen und später der Schwimmwagen hervorgingen.
Nach Vorgaben des Heereswaffenamtes wurden für die militärische Verwendbarkeit des VW folgende Richtlinien gesetzt: offene Karosserie, 950 kg Gesamtgewicht (550 kg Fahrzeuggewicht, 400 kg für drei Mann und ein Maschinengewehr).
Großen Wert legte man nach den schlechten Erfahrungen mit dem Einheits-Pkw auf Leichtigkeit, geringe Umbaukosten von der VW-Limousine zum Militärfahrzeug und geringe Produktionskosten.
Am 3. November 1938 ist der erste Prototyp des VW-Kübelwagens fertig, der wenige Tage später auf dem Truppenübungsplatz bei Münsingen ausgiebigen Versuchen unterzogen wird. Im Jahr 1939 erscheint als nächste Entwicklungsstufe der kantige Typ 62, der dem fertigen Produkt schon ziemlich nahekommt. Die Geländegängigkeit dieses Fahrzeugs befriedigt das Oberkommando des Heeres dennoch nicht. Porsche nimmt weitere Änderungen vor: u.a. Erhöhung der Bodenfreiheit, Einbau eines Untersetzungsgetriebes an den hinteren Halbachsen zur Erhöhung des Drehmoments. Außerdem wird die Wagenfront höhergesetzt.

Die ersten Exemplare des fertigen Typs 82 erscheinen im Dezember 1939. Gleichzeitig beginnen die Arbeiten mit vierradgetriebenen Ausführungen des Kübelwagens (Typ 86/87). Zwei Prototypen entstehen, die im Februar 1940 getestet werden (Strecke Kummersdorf - St. Johann/Tirol, teilweise Verwendung von Schneetrommeln). Im März und April werden elf Wagen Typ 82 und zwei Wagen Typ 86 zu Vergleichsfahrten (Kolonnen- und Geländefahrten mit taktischen Einsätzen) herangezogen. Vergleichsfahrten im Frühjahr 1940 zeigen eindeutig, daß die neu entwickelten Volkswagen den Seitenwagengespannen von BMW und Zündapp im schweren Gelände überlegen sind. Dies führt zu der Überlegung, den VW im Ersatz für die Motorradgespanne als »Kradschützenwagen« einzuführen.
Im Frühjahr 1940 beginnt die Serienproduktion des Kübelwagens: Im April werden 25 Fahrzeuge in Stuttgart gebaut, ab Mai erfolgt die Fertigung im VW-Werk: Mai 100, Juni 200, Juli 275. Der 1000. Kübel wird am 20. Dezember gefertigt.
Ein großer konstruktiver Vorteil des Kübelwagens war seine Leichtigkeit, so daß auf den sonst obligatorischen Allrad-Antrieb allemal verzichtet werden konnte. Zur Not konnten zwei bis drei Mann das Fahrzeug anheben.
Der Vorzug des luftgekühlten Motors war seinerzeit, daß er gegen extremes Klima unempfindlich war: Ob bei brütender Hitze in Afrika oder eisiger Käte in den Weiten Rußlands, der VW-Motor marschierte immer. Und lange Zeit war dies auch ein Grund für den enormen Export-Erfolg des Käfers. Geschätzt wurde von den Landsern im Krieg auch die simple Bauweise, die leichte Zugänglichkeit an alle Aggregate. Der Motor konnte mit wenigen Handgriffen aus dem Heck herausgezogen werden, wenn das Karosserieabschlußblech abgeschraubt war. Und alsbald erwarb sich der VW durch seine außerordentliche Robustheit und Zuverlässigkeit einen guten Ruf: Voraussetzung für die steile Aufwärtskarriere des Volkswagens nach dem Krieg. Hinzu kommt, daß der Kübelwagen durch sein untersetztes Getriebe eine kräftige Traction entwickelte und damit und mit der hohen Bodenfreiheit ein tüchtiges Geländefahrzeug war.
Das einmal gefundene rundum überzeugende Konzept wollte man nun möglichst vielseitig anwenden. Entsprechend viele Varianten wurden aus der Normalversion — dem viersitzigen Mannschaftswagen — entwickelt: Funkwagen, Faßwagen, Verwundetentransporter, Halbket-

tenfahrzeug, Panzerwagen-Attrappe, Schienenfahrzeug, Sirenenwagen, Vermessungs- und Nachrichtenwagen.
Außerdem gab es für den Kübel eine ganze Reihe von Zusatz- oder Anbauaggregaten, die achtern am Fahrzeug anmontiert über die Motorkraft betrieben wurden, wie z.B. eine Pumpvorrichtung oder ein Anwerfgetriebe.
Nach Angaben des VW-Werks wurden folgende Stückzahlen produziert:

Kübelwagen, viersitziger Mannschaftswagen	37 320
Kübelwagen, Nachrichtenwagen	7 545
Kübelwagen, Funkwagen	3 326
Kübelwagen, Instandsetzungswagen	273

Außerdem Einzelstücke zu Erprobungszwecken.

Schwimmwagen

Seit Juli 1940 liefen bei der Porsche KG die Arbeiten an der Entwicklung eines schwimmfähigen Geländewagens.

Mit Schwimmwagen-Projekten hatte sich in den dreißiger Jahren zunächst Hanns Trippel einen Namen gemacht. Trippel arbeitete in Eigenregie seit 1932 in Darmstadt und hatte sich durch seine bemerkenswerten Konstruktionen auch bei den Machthabern des Dritten Reiches eingeführt. Er bekam Zuschuß und konnte sich in Homburg/ Saar einen eigenen Betrieb mit 250 Mitarbeitern aufbauen. Trippel war fortan für die Wehrmacht tätig. Bekannt wurde er in ganz Europa, als er mit einem selbstgebauten Schwimmwagen den Golf von Neapel nach Capri durchquerte. Größere Kapazitäten eröffneten sich ihm 1940, als er seine Fabrikation in den ehemaligen Bugatti-Werken in Molsheim im Elsaß erweitern konnte. Dort wurden am 15. Januar 1941 unter der Obhut der »Bank der deutschen Luftfahrt«, die dem Luftfahrtministerium Hermann Görings unterstand, die Trippel Werke GmbH gegründet. Etwa 1000 Trippel-Schwimmwagen SG 6, angetrieben von einem Opel-Kapitän-Motor, wurden bis 1944 noch gefertigt.

Das militärische Interesse an schwimmfähigen Autos und die großen Erwartungen, die man in den neuen Volkswagen setzte, führten naturgemäß dazu, auf der Basis der VW-Konzeption einen Schwimmwagen für die Wehrmacht zu entwickeln. Ein modernes Baukastenprinzip legt diese Rechnung nahe. Das Porsche-Konstruktionsbüro wurde denn auch mit weiterführenden Arbeiten beauftragt. Am 8. Juli gibt das Heereswaffenamt den Auftrag für drei Schwimmwagen (Typ 128). Das erste Versuchsfahrzeug ist am 21. September fertig. Am 1. November werden die drei Prototypen übergeben, und am 5./6. November wird der VW/Porsche Typ 128 (»langer Schwimmwagen«) zum ersten Mal erprobt. Die Weiterentwicklung wird im Frühjahr 1941 forciert. Mehrere längere Versuchsfahrten werden in diesem Zeitraum unternommen, u.a. in Tirol, im Schwarzwald und Bodenseebereich, auf dem Balkan und in Libyen.
Da sich bei all diesen Versuchsfahrten die große Wanne des VW 128 als zu wenig stabil erwies und außerdem die Geländegängigkeit einschränkte, wurde noch im August 1941 ein Wagen mit kürzerem Radstand und kleinerer Wanne entwickelt (Typ 166), der aufgrund der insgesamt positiv verlaufenden Tests den Typ 128 ablöste und ab Sommer 1942 im VW-Werk in Serie ging. Ab Ende 1942 kam der VW 166 in größerer Stückzahl zur Truppe (überwiegend an Einheiten der Waffen-SS). Die Karosserien fertigte nicht VW, sondern Ambi Budd in Berlin, eine Tochterfirma des gleichnamigen amerikanischen Konzerns.
Den Schwimmwagen gab es mit Breitreifen verschiedener Größen (200 - 12 oder 200 -16). Viele Schwimmer liefen aber, wie die Fotos in diesem Buch zeigen, aus Gründen der Rationalisierung und wegen Gummimangels mit VW-Normalrädern (Reifengröße 5,25 - 16). Der Schwimmwagen bekam übrigens von Anfang an einen stärkeren Motor (1131 cm^3/24,5 PS), der ab März 1943 für alle Volkswagen übernommen wurde.
14 276 Schwimmwagen liefen bis Ende 1944 in Wolfsburg vom Band, dann mußte die Produktion wegen der schweren Bombardierungen des Werks eingestellt werden. Bei der angespannten Kriegslage war der erhebliche Arbeits- und Materialaufwand für das komplizierte Fahrzeug

nicht mehr möglich. In größeren Stückzahlen lief bis Frühjahr 1945 nur noch der simple Kübelwagen vom Band.

VW-Käfer

Die Fertigung des KdF-Wagens wurde bei Kriegsbeginn zurückgestellt, aber nicht ganz aufgegeben. In den Jahren 1938 bis 40 wurden 54 Limousinen und sechs Kabrios, 1941 bis 44 noch einmal 650 normale VW-Limousinen und 13 Käfer-Kabrios gebaut.
Darüberhinaus wurde 1941 der Aufbau des KdF-Wagens mit dem Fahrgestell des Kübelwagens kombiniert. Die VW-Limousine auf Kübelchassis fällt auch dem Laien sofort durch die hochbeinige Bauart auf. Mit der Getriebeuntersetzung und den Vorgelegen an den hinteren Halbachsen hat der Geländekäfer ein kräftiges Durchzugsvermögen in den unteren Gängen, und er steigt beim zügigen Anfahren im ersten und zweiten Gang mit den Hinterrädern abrupt auf. In Hinsicht auf Geländetauglichkeit hat dieser Käfer alle Merkmale des Kübelwagens, dessen Bodengruppe er ja übernimmt. Die geschlossene Käfer-Karosserie hat zudem den Vorteil, daß sie Schutz gegen Kälte, Regen, Sturm, Staub bietet. Die enge Käfer-Karosserie hatte aber im Kriegseinsatz sonst nur Nachteile. Bei Stoßtrupps, wo es darauf ankommt, rasch herauszuspringen oder Ausschau zu halten, als Aufklärungs- und Kradschützenwagen dürfte die Gelände-Limousine kaum geeignet gewesen sein. Und wie wir alle wissen, macht ein Käfer auch Probleme beim Gepäckverstauen.
Der Geländekäfer bekam die Bezeichnung Typ 92 bzw. ab April 1943 Typ 82 E. Die Produktion lief in sehr geringer Stückzahl ab Oktober 42 bis 1944. Die Gesamtzahl blieb mit 564 Stück (plus zwei Kabrios) gering. Mindestens zwei Stück wurden aber schon 1941 gebaut. Diese Wagen gingen an das Kolonialpolitische Amt des Reichsaußenministeriums, also an eine nicht-militärische Dienststelle. Daher hatten diese VW, obwohl Militärfahrzeuge, Glanzlack und Chromteile. Die beiden Volkswagen wurden in einem Konvoi nach Afghanistan geschickt: Die Fahrt ging von Berlin über Böhmen, Ungarn, Rumänien, Bulgarien, die Türkei und Persien nach Kabul (27. Mai bis 8. Dezember 1941). Zwischen Istanbul und Trapezunt fuhr man per Schiff durchs Schwarze Meer. Die deutsche Gesandtschaft in Kabul gewann im Zweiten Weltkrieg als Außenposten des deutschen Machtbereichs im Orient eine gewisse Bedeutung für die Unterstützung revolutionärer arabischer Nationalisten in ihrem Kampf gegen die britische Kolonialmacht. Im Kolonialpolitischen Amt dachte man zeitweilig daran, den zivilen Verwaltungsapparat künftig mit geländegängigen Volkswagen der Typen 82, 82 E, 87, 166 in Tropenausrüstung auszustatten.
Die meisten Geländekäfer gingen an verschiedene SS-Einheiten (Typ 92 SS), die wohl mehr demonstrativ zur fotographischen Anschau als für den Gefechtseinsatz mit installierten Handfeuerwaffen als Bordausstattung ausgerüstet waren (MP 38/40).
Auf der Basis des VW 82 E entstanden auch zwei Lieferwagen: ein Fahrzeug mit Pritschenaufbau (Typ 825) und eines mit Kastenaufbau, der sogenannte Tropenwagen (Typ 81). Bei diesen Nutzfahrzeugen war natürlich das Kübelfahrgestell mit seiner auf Zugkraft ausgelegten Untersetzung sehr vorteilhaft.

Der technisch interessanteste Käfer ist indessen die Allrad-Limousine — eine Kombination von KdF-Karosserie und Chassis vom Allrad-Kübelwagen. Der vierradgetriebene Typ 87/92 SS hat natürlich wie alle anderen militärischen VW-Varianten zusätzliche Vorgelege und serienmäßig Differentialsperre (beim Typ 86/87 vorn und hinten). Anders als beim Gelände-Käfer 92/82 E hat der Typ 87/92 SS spezielle Achsschenkel zur Aufnahme der Antriebswellen. Außerdem gibt es einen zusätzlichen Geländegang. Über einen zweiten Schalthebel wird das Ausgleichsgetriebe betätigt, der Vorderradantrieb eingeschaltet. Aus Platzgründen wird der Handbremshebel nach vorn seitlich verlegt. Der Allrad-Käfer hat riesige Geländeräder, daher auch verbreiterte Kotflügel und Trittbretter und zudem ein großes Rolldach (Kabrio-Limousine).
Wieviele vierradgetriebene Käfer nun wirklich gebaut wurden, läßt sich nicht mit Genauigkeit sagen. Nach Angaben des VW-Werks waren es 564 Stück, die hauptsächlich an das Afrika-Korps ausgeliefert wurden. Neuere Untersuchungen haben ergeben, daß diese Zahl aber nicht

gesichert ist, da unter der Bezeichnung Typ 87 grundsätzlich alle Allrad-Fahrgestelle erfaßt werden — also auch solche mit Kübel-Karosserie. Möglicherweise wurden nur drei Allrad-Käfer gebaut: zwei Fahrzeuge im Jahr 1941, die auf Versuchsfahrten auf dem Balkan eingesetzt wurden; ein weiteres Exemplar 1943 in Stuttgart: Es wurde dort auch im Detail fotographiert und ist in diesem Buch abgebildet. Die restlichen VW Typ 87 waren dann Allrad-Kübelwagen.
Zur Typisierung ist noch anzumerken: Die Bezeichnung Typ 87 ist ein Oberbegriff; durch zusätzliche Ziffernbezeichnungen wird das Fahrzeug spezifiziert:

Typ 87 Fahrgestell mit Allradantrieb
Typ 87 0 Kübelwagenkarosserie (viersitzig)
Typ 87 1 Kübelwagenkarosserie (dreisitzig)
Typ 87 7 geschlossener Aufbau Limousine (Kommandeurwagen)

Für den Käfer mit Allrad-Antrieb gab es drei Typenbezeichnungen: 877, 92 SS und 98. Ob drei unterschiedliche Versionen überhaupt gebaut wurden, bleibt aber fraglich. Der Typ 92 SS wurde nur mit Kübelwagenfahrgestell, also ohne Allrad, fertiggestellt. Vom Typ 98 (Kabrio-Limousine mit Allrad-Antrieb) wurde wahrscheinlich nur das eine Exemplar bei Porsche in Stuttgart gebaut. Nachträgliche Umbauten (u.U. noch im Werk) sind kaum nachweisbar, da in der Wolfsburger Wagenstammkartei nicht erfaßt. Gelegentlich hat man nach dem Krieg auf ein Allrad-Fahrgestell statt der Kübelkarosse einen Käfer-Aufbau gesetzt oder aus restlichen Schwimmwagenteilen einen Allrad-Käfer gebaut. Solche Fahrzeuge können jedoch nicht als originale Typ 877 angesehen werden.

Typenliste und Entwicklungsnummern

Typ 60 Deutscher Volkswagen
L Limousine
CL Cabrio-Limousine
offen Cabrio
LO Lieferwagen offen, Pritschenwagen
Typ 61 Verkleinerungsstudie
Typ 62 Volkswagen für Geländezwecke (Kübelwagen Prototyp)
Typ 64 Berlin-Rom-Wagen (VW-Rekordwagen)
Typ 65 Zusatzeinrichtung für Fahrschulen
Typ 66 VW Typ 60 als Rechtslenker
Typ 67 VW Typ 60 als Invalidenfahrzeug
Typ 68 VW Typ 60 als Lieferwagen
Typ 81 VW-Kastenwagen
Typ 82 Volkswagen für Geländezwecke (Kübelwagen Serienausf.)
0 viersitzig (Normalausführung)
1 dreisitzig
2 Sirenenwagen
3 Panzer bzw. Spähwagen-Attrappe für Ausbildungszwecke
5 Pritschenwagen mit Limousinenaufbau
6 Kastenwagen mit Limousinenaufbau (Tropenwagen)
7 dreisitziger Kommandeuraufbau
8 offener Aufbau (Holzausführung)
E Kübelfahrgestell mit Limousinenaufbau (Geländekäfer)
Typ 86 Kübelwagen mit Allradantrieb (Prototyp)
Typ 87 Fahrgestell Allradantrieb (Basis Typ 82)
0 Kübelwagenkarosserie viersitzig
1 Kübelwagenkarosserie dreisitzig
7 Limousinenaufbau (Kommandeurwagen)

Typ 88	Lieferwagen, Modell B
Typ 89	automatisches Getriebe (Versuch)
Typ 92	Fahrgestell Typ 82 mit Limousinenaufbau (»Käfer«)
	SS mit Bewaffnung mit/ohne Allradantrieb
	LO Pritschenwagen
	offen Aufbau KdF-Kabrio
Typ 98	Kabrio-Limousine mit Allradantrieb
Typ 106	Versuchsgetriebe
Typ 107	Abgasturbine
Typ 115	Kompressormotor
Typ 120	Stationärer Motor für Reichsluftfahrt-Ministerium
Typ 121	Stationärer Motor für Heereswaffenamt (Magnetzünd.)
Typ 122	Stationärer Motor für Reichspost (Batteriezündung)
Typ 126	vollsynchronisiertes Getriebe
Typ 127	Schiebermotor (Versuch)
Typ 128	Schwimmwagen erste Ausführung
Typ 129	Schwimmwagen Sondertyp
Typ 138	Schwimmwagen, Ausführung B
Typ 155	Typ 82 mit Schneekettenlaufeinrichtung
Typ 157	Schienenlaufeinrichtung für VW 82/87
Typ 160	VW Limousine, selbsttragend
Typ 162	Geländewagen selbsttragend
Typ 164	6-Rad-Geländewagen mit 2 Motoren
Typ 166	Schwimmwagen, verbesserte Serienausführung
Typ 177	5-Gang-Getriebe für VW-Geländewagen
Typ 179	VW mit Benzineinspritzung
Typ 182	Geländewagen mit Einheitsaufbau (2-Rad-Antrieb)
Typ 187	Geländewagen mit Einheitsaufbau (4-Rad-Antrieb)
Typ 198	Anwerfgetriebe
Typ 230	VW mit Generatorantrieb
Typ 231	VW mit Acetylen-Antrieb
Typ 235	VW mit elektrischem Antrieb
Typ 239	VW mit Holzkohlengenerator
Typ 240	VW mit Flaschengasantrieb
Typ 247	VW-Flugmotor
Typ 276	VW Typ 82 mit Protzhaken
Typ 278	Synchrongetriebe
Typ 283	Typ 82 mit Generatorantrieb
Typ 287	Fahrgestell Kommandeurwagen (verbesserter Allradantrieb), Aufbau KdF
Typ 296	Zwischengetriebe für VW-Motor
Typ 307	Schwerstoffvergaser (Versuch)
Typ 309	Dieselmotor (Versuch)
Typ 330	VW-Limousine mit Holzkohlen-Gemisch-Anlage
Typ 331	VW mit Heimischer-Brennstoff-Anlage
Typ 332	VW mit Anthrazit-Kohlen-Anlage

Änderungen am VW-Kübelwagen

(Quelle: Ersatzteilliste des VW-Werks zum Typ 82, 3/43, 5/44)

Fahrgestellnummern

ab	1 501	Kupplung mit zwei Druckfedern (vorher: eine)
	4 402	Zündschloß mit Einheitsschlüssel

5 000 lange Kotflügel hinten mit Verstärkung
6 803 Radvorgelegegehäuse an Längslenker mit 5 Schrauben befestigt (vorher: drei)
8 500 Einsteckwagenheber mit Sechskantwinkelsteckschlüssel, Längsträger mit Aufnahmeloch für Wagenheber (vorher: Scherenwagenheber)
9 001 breites Abdeckblech an Motorunterseite
9 501 Auspuff seitlich am Motor (vorher: quer wie bei der VW-Limousine), neu: Heizung
11 280 Hinterradantriebgehäuse mit Durchsteckschrauben (vorher: Stiftschrauben)
14 001 größerer Tankeinfüllstutzen
15 371 Querrohre zwischen den Abschlepphaken vorn und hinten, Lager für Andrehkurbel daher nicht mehr am Motorabdeckblech angeschraubt, sondern als Fußstütze in der Mitte der hinteren Querstange ausgeformt, hinteres Abdeckblech verschraubt
15 518 Anlaßkraftstoffbehälter
15 656 Winker entfallen
17 001 Anlasser entfällt
25 001 kleines Schaltbrett vom Schwimmwagen wird übernommen, kleiner Tacho (vorher: Schaltbretteinsatz mit Schaltern und Tacho von der VW-Limousine)
29 001 Kennzeichen links auf der Motorhaube, daher Sicken auf der Motorhaube verkürzt (vorher: Kennzeichen ragt über Seitenteil)

ab Motornummer

20 292 mehr Hubraum und mehr Leistung: 1131 cm³, 24,5 PS (vorher: 985 cm³, 23,5 PS)
32 624 Wirbelluftfilter (vorher: Ölbadluftfilter)

Änderungen am VW-Käfer

Serienmäßige Änderungen bei der VW-Limousine sind nur schwer auszumachen, da die Details bei der kleinen Serie von Fahrzeug zu Fahrzeug oft wechselten.
Einige typische Merkmale für die Vorserienwagen von 1938 bis 1940 sind festzustellen: Motorbelüftung unterhalb vom Rückfenster mit 48 Schlitzen, Motor- und Kofferraumdeckel mit scharfen Ecken am oberen Ende, Haubenträger bis zum unteren Ende mit Stützstangen (ohne Rückholfeder). Die merkwürdige, etwas wulstige Dachform innen am Rückfenster ist anders als bei den späteren Typen. Der KdF-VW hat ursprünglich verchromte Stoßstangen mit konvex (nach innen) gekrümmten Hörnern, ein Lenkrad mit dicken Speichen, geschlossene Handschuhfächer und keine Heizung. Weitere Merkmale: Kennzeichenleuchte mit obenliegendem Bremslicht, Radkappen ohne Zeichen, rechter Armaturenbretteinsatz mit Schaltschema, Drehgriffe.

Serienproduktion des KdF-Wagens vom 11. Juli 1941 bis 17. August 1944 (Fertigung dann kriegsbedingt eingestellt).
Änderungen an der Karosserie: Hauben vorn und hinten an den oberen Enden seitlich abgerundet, 42 Kühlluftschlitze, im Innenraum: fünf Sicken unterhalb vom Rückfenster (vorher: zwei).
Weitere Details: flache Radkappen mit VW-Zeichen und Zahnkranz, Stoßstangenhörner spitz und konkav (nach außen gebogen), Handschuhfachdeckel entfallen, neue Kennzeichenleuchte mit Bremslicht nach unten.
Weitere Änderungen im Laufe der Produktion:
ab 1942: Führung für Andrehkurbel auf hinterer Stoßstange,
März 1943: Motor mit 1131 cm³/24,5 PS (vorher: 985 cm³/23,5 PS),
1943: größerer Tank, Vorderwagen wird entsprechend geändert, Stoßstangen lackiert, Zunehmend Materialeinsparungen: Radkappen, Stoßstangenhörner, Innenspiegel, Winker, Anlasser entfallen, einfache Sitze vom Kübelwagen, Kombinations-Rücklicht auf dem linken Kotflügel (Kennzeichenleuchte auf Motorhaube entfällt), Lenkrad mit dünnen Speichen.

Dr. ing. h.c. F. Porsche K.-G.

106988 * 21.NOV 1939

Betrifft Abteilung v. Malberg

Erledigt am 16.11. von

VOLKSWAGENWERK

Gesellschaft mit beschränkter Haftung, Sitz Berlin

ZENTRALE BERLIN

BERLIN W 15 . KNESEBECKSTRASSE 48/49 . FERNRUF: 91 91 91

Einschreiben
An die
Dr. ing. h.c.F- Porsche K.-G.
z.Hd. d.Herrn Baron v. Malberg
oder Vertreter im Amt

Stuttgart-Zuffenhausen
.-.-.-.-.-.-.-.-.-.-.-.-.-
Spitalwaldstrasse 2

Geheim!

1.) Dies ist ein Staatsgeheimnis im Sinne des § 88 R. St. G. B. in der Fassung des Gesetzes vom 24.4.34 (R. G. Bl. I S. 341 ff.)

2.) Weitergabe nur verschlossen, bei Postbeförderung als „Einschreiben".

3.) Empfänger haftet für sichere Aufbewahrung.

Ihre Zeichen	Ihre Nachricht vom	Unsere Zeichen	Datum
		X/Dr.St./Hr.	7.11.1939

Sehr geehrter Herr Baron von Malberg!

Unter Bezugnahme auf die am Donnerstag den 2.d.Mts. mit Ihnen gehabte Unterredung, übermitteln wir Ihnen in der Anlage die Abschrift unseres Angebotes an das Oberkommando des Heeres, sowie die nach Ihren Angaben festgelegte Vorkalkulation für die Kriegsaufträge Wa Prüf 6/Ia 106-0050/39 und Wa Prüf 6/Ib 106-0948/39 zur gefl. Kenntnisnahme und setzen hierbei voraus, dass Sie uns später bei der Ermittelung der nachzuweisenden Kosten behilflich sein werden.

Aus steuertechnischen Gründen bitten wir, die Karosseriebeschaffung beim Ambi-Budd-Presswerk namens und im Auftrage des Volkswagenwerkes vorzunehmen, damit diese Rechnungen, wenn wir sie als Nachweis der Selbstkosten etwa dem Oberkommando des Heeres vorlegen müssen, auf das Volkswagenwerk lauten.
Hierdurch ist eine verhältnismässig bedeutende Ersparnis an Umsatzsteuer möglich.

Heil Hitler!
Volkswagenwerk
i.V. G.m.b.H. i.V.

Anlagen: 3

Befestigungsvorrichtungen auf dem vorderen Gerätraum (mit eingelegtem MG 34)

1 Verschlußlager (für Dreibein) 2 Schutzhülle für MG 3 Schießvorrichtung

Befestigungsvorrichtungen über den vorderen Sitzen und an den hinteren Seitentüren

1 Gurttrommelträgerlager 34
2 Verlängerung des oberen Halters für Gewehrlager
3 MG-Lager
4 Gurttrommelträgerlager 34

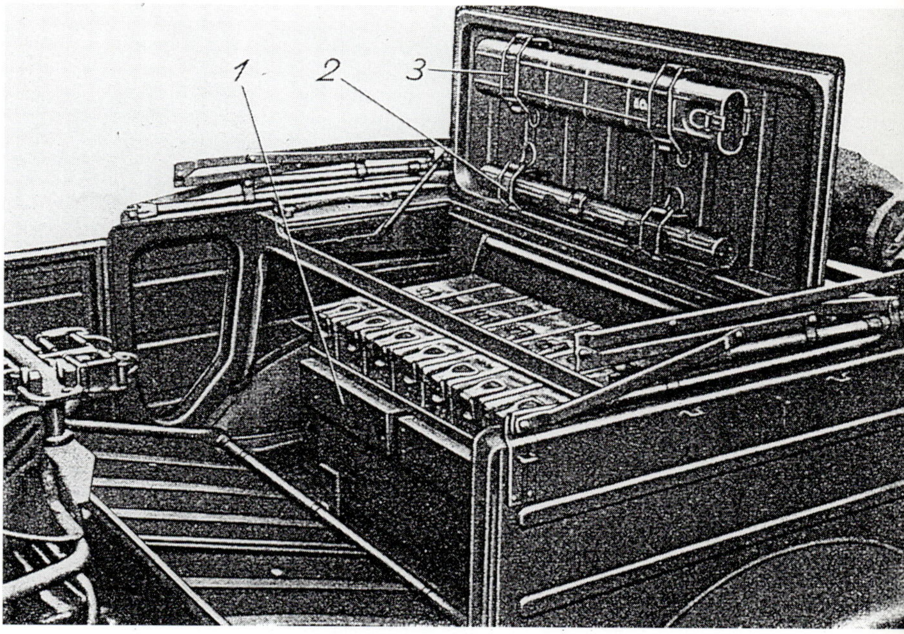

Befestigungsvorrichtungen im hinteren Geräteraum

1 Gestell für 14 Patronenkästen (mit eingesetzten Patronenkästen)
2 Lager für Laufschützer 34
3 Lager für Laufbehälter 34

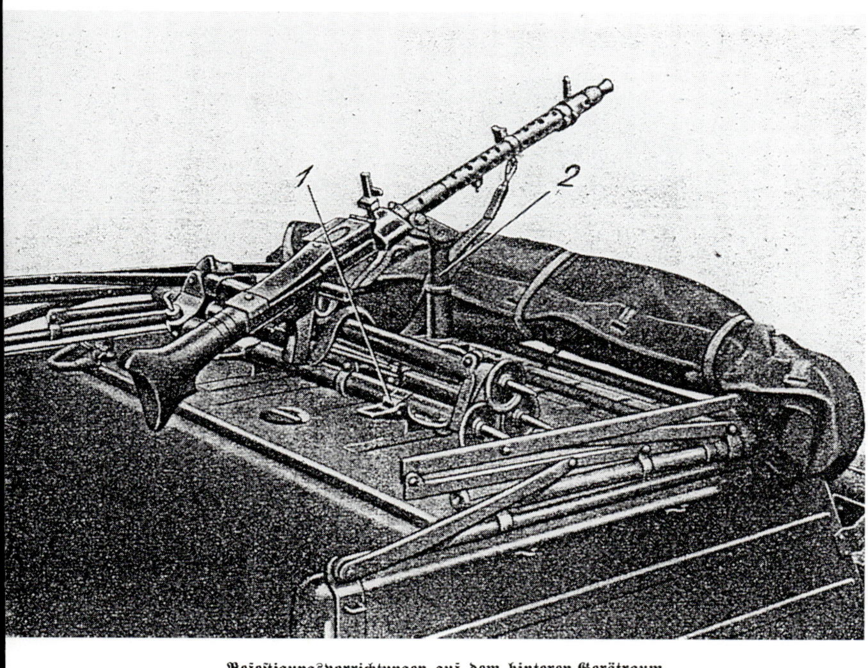

Befestigungsvorrichtungen auf dem hinteren Geräteraum

1 Verschlußlager (für Dreibein)
2 MG-Aufnahme

Kübelwagen mit Schneekufen

Kufenbefestigung am Vorderrad

Fahrversuche mit Raupen und Schneekufen. Die Fahrzeuge haben ziviles Stuttgarter Kennzeichen.

Versuchswagen für Panzer-attrappe

Der Einstieg erfolgt durch eine Heckklap-pe über der Motorhaube.

Blick in den Innenraum bei geöffneter Heckklappe, Armaturentafel, Fahrersitz und Sitz für den Richtschützen.

Panzerattrappe: Innenraum hinten

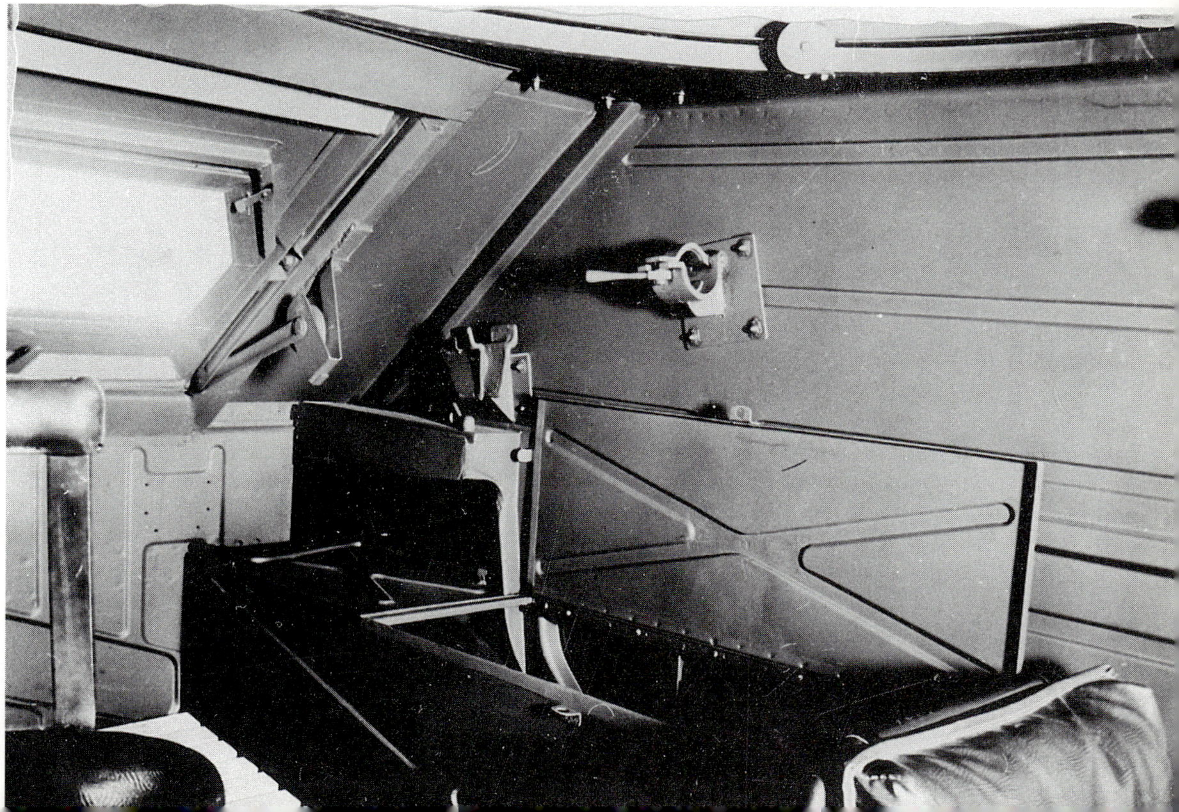

Panzerattrappe von oben

Panzerattrappe, Wagenfront

Ein Kübelwagen mit der Aufschrift »Volkswagenwerk Kundendienst« fährt über eine Holzbrücke. Bemerkenswert ist die Hinweistafel »Wolfsburg« am Stellwerk (Bezeichnung nach der örtlichen Burg). Die Stadt hieß bis Mai 1945 »Stadt des KdF Wagens«.

Eine Brücke dient als Träger für die bei Straßen- und Geländefahrten auf der Wagenfront deponierten Spurscheiben. Sie ist widerstandsfähiger als die Wagenhaube und verhindert Rißbildungen.

Volkswagen schienengängig

VW/Porsche Typ 155, Schneeraupe, Ausführung IV, mit Anhängerkupplung, 1942.

Raupenantrieb und Auspuff

Fahrgestell mit Raupenantrieb

Versuchseinrichtung für einseitiges Abbremsen der Raupen

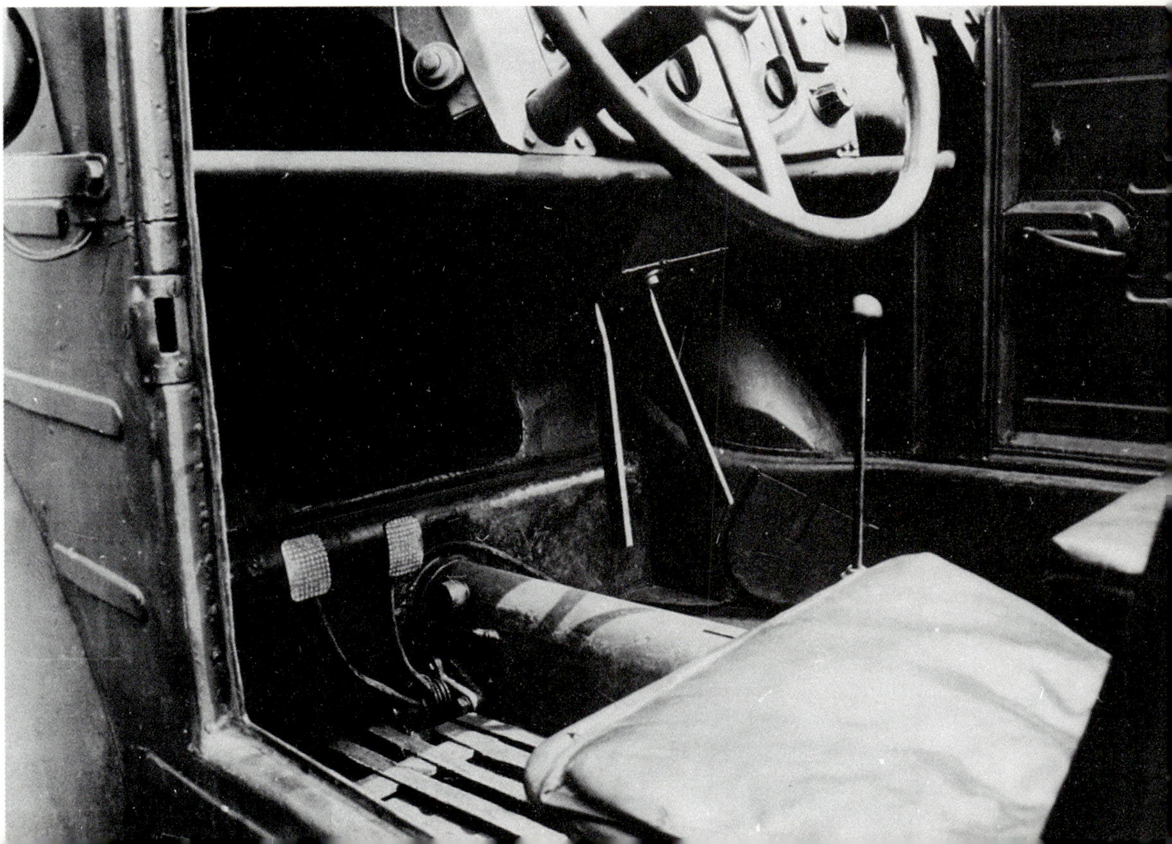

Kübelwagen dreisitzig, mit Vorbereitung zum Funkwagen

Kübelwagen als Krankentransporter (mit Einrichtung zur Aufnahme von zwei übereinanderliegenden Bahren).

Geheim

Oberkommando des Heeres
(Befehlshaber des Ersatzheeres)
(Ch H Rüst u.
76 b 1010 Wa Prüf 6 (Gr.I)
Bb.Nr. 4870/40 g.

(Bitte in der Antwort vorstehendes Geschäftszeichen, das Datum und kurzen Inhalt anzugeben)

Berlin W 35, den 18. Juni 1940
Tirpitzufer 72-76
Fernsprecher: Ortsverkehr 31 00 12
Fernverkehr 31 00 16

Geheim.
1. Dies ist ein Staatsgeheimnis im Sinne des § 88 RStGB.
2. Weitergabe nur verschlossen, bei ... „Einschreiben".
3. Aufbewahrung unter Verantwortung des Empfängers ...

Einschreiben

Firma
Dr.Jng.h.c.F. P o r s c h e K.-G.
Stuttgart - Zuffenhausen,
Spitalwaldstraße 2

Betr. Typ 128

Das Oberkommando des Heeres (Ch H Rüst u.B d E) Wa Prüf 6 bittet zu überprüfen, ob es möglich ist, auf der Basis des vierradangetriebenen Volkswagens einen Gelände-Schwimm-Pkw. zu entwickeln. Das Fahrzeug soll in erster Linie für Zwecke der Pioniere usw. eingesetzt werden und wird von dieser Waffe vordringlich gefordert.

Als Anhaltspunkte können vorerst gegeben werden: voll geländegängiger Pkw., Höchstgeschwindigkeit 80 km, Steigfähigkeit wie vierradangetriebener Volkswagen, Antrieb im Wasser mit Schraube, Geschwindigkeit im Wasser mindestens 10 km, Steuerung im Wasser durch die Radscheiben der gelenkten Vorderräder, mindestens Tragfähigkeit im Wasser wie auf dem Lande. Auf Einstiegtüren usw. kann verzichtet werden. Übergang von Land- zur Wasserfahrt ohne Verlassen des Fahrzeuges.

Oberkommando des Heeres (Ch H Rüst u.B d E) Wa Prüf 6 wäre dankbar, wenn die Dr.Porsche K.-G. baldigst Stellungnahme zu dem Entwicklungsvorgang übermitteln könnte. Das Vorhaben muß vorerst geheim gehalten werden.

Jm Auftrage

Dr.Ing.h.c. F. Porsche K.-G.
126278 19 JUN 1940
Technischer Schriftwechsel

Abteilung	Tag	
Technisches Büro Porsche jun. Melbers	19.6.40	

VOLKSWAGENWERK

Gesellschaft mit beschränkter Haftung, Sitz Berlin

STADT DES KDF-WAGENS

Stadt des KdF-Wagens · Fernruf 2222 · Telegramm-Adresse: Volkswagenwerk

Einschreiben

Firma
Dr. Ing. h.c. F.Porsche K.-G.

Stuttgart-Zuffenhausen
Spitalwaldstrasse 2

Geheim!

Dr. ing.h.c.F. Porsche K.-G.
Stuttgart-Zuffenhausen Spitalwaldstr.2
140639 * -9 DEZ 1940
Technischer Schriftwechsel
Erledigt am

Ihre Zeichen	Ihre Nachricht vom	Unsere Zeichen	Datum
		KA Rö/Ma-	5.12.1940

Betr.: Unser Projekt 1037/3.

Das Oberkommando des Heeres (Heereswaffenamt, Prüfwesen 6) beabsichtigt, uns unter der Nr. Wa Prüf 6)Ia) 006-0202/40 einen Kriegsauftrag zur Durchführung nachstehender Leistung zu vergeben:

Bau eines Schwimm - Pkw. Typ 128

Zu berücksichtigen sind die bisherigen Ergebnisse der Werkserprobung und der Versuchsfahrt des OKH mit den 3 Fahrzeugen aus Auftrag Wa Prüf 6/Ia 006-0111/40.

Wir erteilen Ihnen hiermit den Auftrag zur Durchführung der oben angegebenen Leistung. Gleichzeitig legen wir Ihnen Formulare zur Abgabe eines Festpreisangebotes bei und zwar

Angebotsformular und
Kalkulationsformular

in je 3-facher Ausfertigung.

Ist die Abgabe eines Festpreisangebotes in kurzer Zeit nicht möglich, dann sind im Kalkulationsblatt nur die Stunden- und Zuschlagsätze anzubieten, die bei der Abrechnung zur Anwendung kommen sollen. Für Instandsetzungen können auch Stundensätze angeboten werden, die alle Zuschläge enthalten. Für Ersatzteile, die nach dem Umfang noch nicht feststehen, ist anzugeben, dass spätere Berechnung zu Listenpreisen abzüglich des festgelegten Rabattes erfolgt. Bei Konstruktionsaufträgen sind Konstrukteur- und Zeichnerstunden anzubieten, die alle Zuschläge enthalten. Am Schluss von Angeboten zu Selbstkosten

Schwimmwagen-Prototyp bei Wasserfahrt

Schwimmwagen-Prototyp (im Hintergrund reparaturbedürftige Kübelwagen)

Schwimmwagen Typ 128 (lange Ausführung)

Dr. Ing. h. c. F. Porsche K-

Gedächtnisprotokoll.

Vorführung des Schwimmwagens, Typ 128 beim Führer und Generalfeldmarschall Keitel in der Reichskanzlei am

Während der Vorführung des Typ 128 bat ich den Führer zwecks rascher Durchführungder aufgegebenen 30 Schwimmwagen um die Erteilung der Dringlichkeitsstufe (Sonderstufe). Der Führer meinte, dass sich dies wegen des geringen Quantums schon machen liesse und er wandte sich diesbezüglich an Generalfeldmarschall Keitel, der die Zusicherung gab, dass er die Sonderstufe für den Bau der Schwimmwagen zur Verfügung stellen werde.

Ich machte ihn darauf aufmerksam, dass die Bestellungen über die Werkstoffe dieser Wagen infolge der Dringlichkeit bereits in der Sonderstufe SS hinausgegangen seien, worauf Generalfeldmarschall Keitel mir antwortete, dass dies ja die Hauptsache sei.

VW/Porsche Typ 166 (kurze Ausführung) bei Erprobungsfahrt am Lafatscher Joch 1942.

VW/Porsche Typ 166/15, Heckansicht mit Schwimmschraube und obenliegendem Auspuff, April 1942

Die Bilder auf dieser Doppelseite zeigen Versuchsfahrten durch Fachleute des Heeres.

Schwimmwagen 166 als Raupenfahrzeug

Vorführung eines Schwimmwagen-Prototyps im Führerhauptquartier in Ostpreußen im Beisein von Hitler, Himmler, Generaloberst Jodl und SS-General Wolff

Verteiler: Herr Porsche jun.
" Fröhlich
" Komenda
" H.Kaes
Fahrversuch

Bericht über die auf Wunsch des Kolonialpolitischen Amtes im Beisein des Herrn Ober-Baurat Suchanka ausgeführte Erprobungsfahrt mit Typ 0.166/2 bei Innsbruck. (5.9. - 8.9.1942).

Die Erprobung erstreckte sich auf allgemeine Verwendungsmöglichkeit des Typ 0.166 in den Kolonien und wurden Fahrversuche im Sumpf, im Gelände, sowie Steigungsmessungen durchgeführt.

1.) Sumpffahrversuch - 5.9.42:

In einem von Herrn Oberbaurat Suchanka ausgesuchten Sumpf, welcher etwa den Uferverhältnissen der afrikanischen Flüsse entspricht, wurden verschiedene Durchfahrversuche unternommen.

Fahren durch Sumpfgelände mit sog. grundlosen Boden ist für Fahrzeuge jeder Art (Raupe, Radantrieb) ein kaum lösliches Problem, doch kann gesagt werden und dies zeigte sich bei dem Fahrversuch, dass der Typ 0.166 durch sein geringes Gewicht, der grossen Übersetzung, dem glatten Aufbau-Unterteil, wie auch der grossen Bereifung 200/12 günstigste Verwendungsmöglichkeit auch bei dieser Bodenbeschaffenheit aufweist.

Beim Einfahren in den Sumpf, welcher von weichem Boden durch Schilf und Schlingpflanzen in einen schmutzigen Teich führt, blieb der Wagen durch Rutzschen der Räder nach etwa 10 - 12 m Fahrt stecken. Mit einem mitgeführten 20 m langen Hanfseil (ein Hanfsei ist für diese Zwecke weitaus besser als ein Drahtseil) konnte der Wagen durch Ziehen dreier Männer und Mitlaufen der treibenden Räder gut an Land gebracht werden. Der Wagen sank teilweise bis zur Freibordhöhe ein. Schneeketten bringen keine Besserung. Durch Nachdrücken mit dem mitgeführten Ruder kann gut nachgeholfen werden. Bei kurzen Sumpfein- und -ausfahrten genügen aufgelegte Bretter. Geringer Reifendruck ist zu empfehlen.

2.) Auffahrt zum Lavatscha-Joch (Übergang zum Karwendel) - 6.9.42:

Zu dem etwa 2000 m hohen Lavatscha-Joch wurde von Hall b/Innsbruck aus gefahren. Der Fussweg mit seinen Steigungen bis zu etwa 60 % geht über Latzschen, Steilhänge, Steinlawinen und felsigen Boden in starken Spitzkehren bis zur Höhe. Die Auffahrt wurde mit voller Belastung des Fahrzeugs (4 Personen) unternommen. Einige Male mussten 2 - 3 Personen abspringen, da die Räder durchrutzschten, Motorgrenze erreicht wurde, oder aber das Fahrzeug abzurutschen drohte und schnell gestützt werden musste.

Recht stolz erreichten wir unser Ziel unter dem Beifall einiger Touristen, die unsere Anfahrt beobachtet hatten und nicht glauben konnten, dass wir bis oben kommen würden.

Trotz vollster Motor- und Fahrgestellbeanspruchung traten keinerlei Störungen auf. (Motordeckel war geschlossen, keine Benzinpumpenstörungen)

Bei Auffahrt betrug die Aussentemperatur 25 - 28°C. im Schatten.

Die Abfahrt verlief ohne Zwischenfälle.

VW-Geländeausführung als »Versuchswagen« (Porsche Typ 92/82 E mit hochbeinigem Kübelwagenfahrgestell)

So sah der Geländekäfer im Innenraum aus: einfache Sitze vom Kübelwagen, Holzroste auf dem Fußboden. Der Wagen gehört einem Bielefelder Sammler.

Geländekäfer mit verbreiterten Kotflügeln.

Ein VW Typ 92 ist im Schnee steckengeblieben.

Versuchsfahrten mit dem Geländekäfer auf dem Werksgelände

Geländekäfer Typ 92 SS: Zwei Gewehrhalterungen im hinteren Seitenteil. Darunter der Verbandskasten.

Liegesitze im Typ 92 SS. Im Fußraum des Beifahrers ist ein zusätzlicher Benzinkanister (mit SS-Rune), Baujahr 1943.

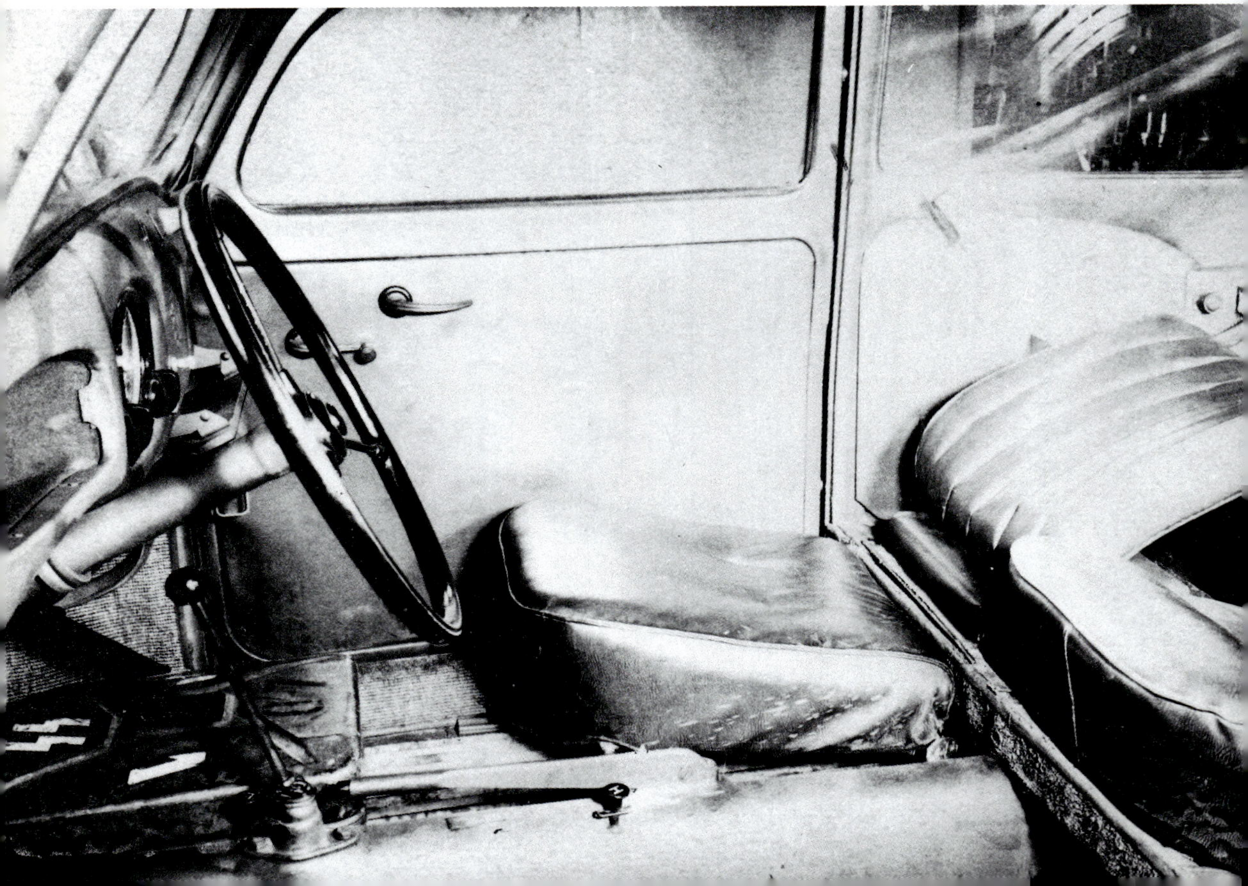

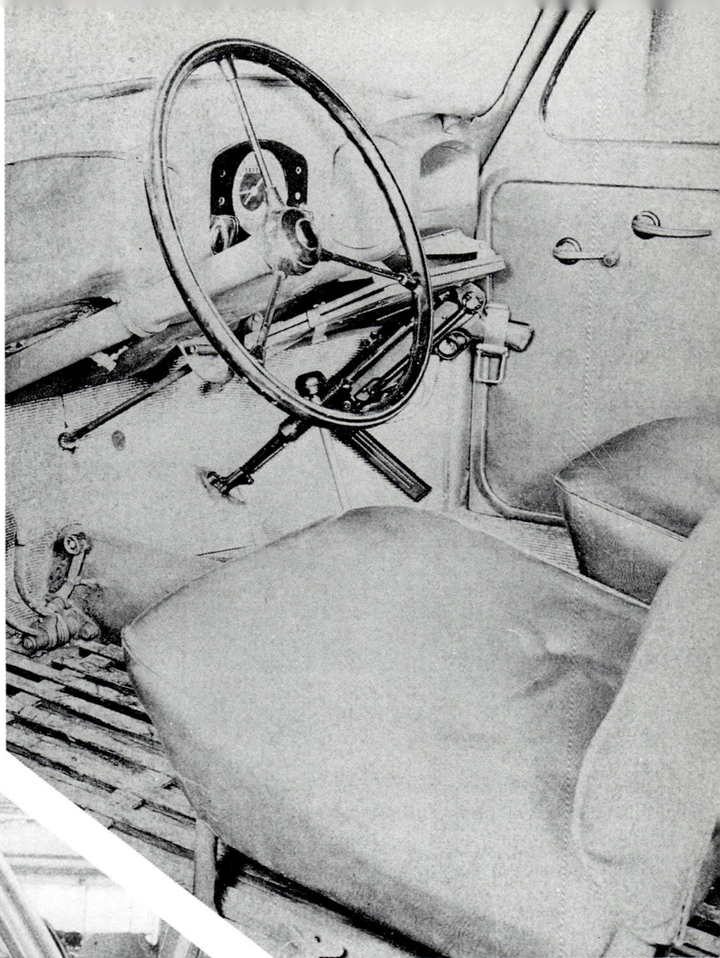

Typ 92 SS: Maschinenpistole im vorderen Fußraum

Armaturenbrett mit ausziehbarer Schreibunterlage, seitlich rechts die Maschinenpistole, Holzroste auf dem Fußboden. Befestigung der Sitze mit Flügelschrauben.

VW/Porsche Typ 98 (Kabrio-Limousine mit Allradantrieb). Verbreiterte Kotflügel und Trittbretter für die martialischen Geländeräder. (Oktober 1943)

Armaturentafel mit Schreibunterlage, Normal-Schalthebel für den 1. bis 4. Gang und den Rückwärtsgang hochgesetzt, weil das Schaltgestänge auf dem Mitteltunnel verläuft (im Tunnel die Kardanwelle für den Vorderradantrieb). Ein zweiter Schalthebel für Vorderradantrieb und Geländegang. Handbremshebel seitlich. Mitteltunnel am vorderen Ende mit Öffnung zum Aufschrauben.

Blick durchs geöffnete Rolldach in den dreisitzigen Innenraum.

Motorraum. Deutlich sichtbar der Gebläsekasten und der seitlich versetzte Luftfilter. Das Fahrzeug hat Stuttgarter Kennzeichen.

Ein Blick unter die vordere Haube beim Typ 98: Das breite Reserverad paßt nicht in die dafür vorgesehene Mulde. Deshalb wird hier der Benzinkanister deponiert. Das Ersatzrad wandert nach oben in den Kofferraum.

Fahrgastraum (dreisitzig). Über dem Mitteltunnel laufen die beiden Schaltgestänge.

Rücksitzbank mit geöffnetem Batteriekasten.

VW-Pritschenwagen auf Geländefahrgestell (Typ 825). Eine Luke auf dem Pritschenboden und zwei kleine Flügeltüren am Heck geben den Zugang zum Motor frei. Das hintere Abschlußblech kann abgeschraubt werden, um Wartungsarbeiten bzw. Aus- und Einbau des Motors zu erleichtern.

VW-Kastenwagen als Versuchsfahrzeug auf der Reichsautobahn (Mai 1941). Die Rückansicht mit geöffneter Tür zeigt den Motor unter der Ladefläche. Der Vergaser wurde seitlich gesetzt, um Ladehöhe zu gewinnen. Es handelt sich um den »Tropenwagen«.

Fahrbetrieb mit Holzgas

Die chronische Benzinknappheit in Deutschland während des Zweiten Weltkrieges infolge der begrenzten Einfuhr von Öl machte es notwendig, Alternativen zu forcieren.

Zu den »heimischen Treibstoffen« zählten Erdöl aus deutscher Förderung und synthetisches Benzin — als Ausgangsstoffe dienten hier Kohle, Erdöl und pflanzliche Stoffe. Diese beiden Treibstoffarten wurden in der Kriegszeit nur dort verwendet, wo geringwertiger Kraftstoff nicht anzuwenden war — also überwiegend bei der Luftwaffe und an der Front. In allen anderen Fällen, hauptsächlich bei Kraftfahrzeugen im Reichsgebiet wurde nun auf die restlichen noch zur Verfügung stehenden Treibstoffarten zurückgegriffen: Zunächst einmal auf die bei der Benzin- und Ölgewinnung aus Kohle anfallenden Gase Propan und Butan, die mit geringer Druckanwendung leicht zu verflüssigen sind. Die Stahlflaschen für diese Flüssiggase wurden bei Lastwagen unter der Ladefläche installiert, bei Schleppern senkrecht montiert.
Es gab sogar Versuche, die VW-Limousine auf Gasbetrieb umzustellen (Typ 240). Die Gasflasche wurde waagerecht neben dem verkürzten Rücksitz eingebaut und mit der Öffnung in den Motorraum nach achtern durchgeschoben — ein waghalsiges Unternehmen, wie sich alsbald zeigen sollte: Bei den Versuchsfahrten verunglückte ein Fahrer tödlich, als bei einer Vollbremsung die Gasflasche nach vorn schoß.

Eine andere Patentlösung war der Betrieb mit Holzgas. Da sich Deutschland auf dem Sektor der Energieversorgung infolge der totalen Abschnürung vom Weltmarkt schier auf den Nullpunkt zurückgeworfen sah, erwiesen sich solche antiquierten Rezepte, in begrenzten Bereichen angewandt, noch als durchaus brauchbar.
Ausgangspunkt aller Überlegungen war, daß im Reich Holzreserven in ausreichendem Maß vorhanden und gleichmäßig verteilt seien — also gab es genug Vorrat, und es entstanden keine Transportkosten.
Schon in den dreißiger Jahren hatte man in kluger Voraussicht große Hoffnungen auf die Generatortechnik gesetzt und entsprechende Entwicklungen vorangetrieben. Automobile mit »Festgas Motor« waren steuerbegünstigt und für die Umrüstung auf Holzgas wurde ein Zuschuß von 600 RM bei Diesel, von 100 RM bei Benzinfahrzeugen gegeben. Über 20 Generatorhersteller gab es im Deutschen Reich, am bekanntesten die Imbert Generatoren GmbH in Köln. 1933 gab es rund 2500 Fahrzeuge mit Holzvergaser.
Die Gustloff-Werke in Wiener Neustadt warben um 1942/43 für ihre Erzeugnisse: »Fahrzeug-Generatoren fördern die Motorisierung auch in Kriegszeiten. Die Gustloff-Werke unterstützen diese Forderung durch einen vorbildlichen, dem neuesten Stand der Technik entsprechenden Generator. Jahrelange wissenschaftliche Forschungen und Versuche schufen die Voraussetzungen zu einem hochwertigen Erzeugnis, das durch leichtes Gewicht und dadurch geringen Materialverbrauch, einfachste Einbaumöglichkeit und Zuverlässigkeit den wirtschaftlichen Einsatz ihrer Nutzkraftwagen verbürgt.«

Tatsächlich wurde die Generatorentechnik mehr und mehr optimiert, so daß, wie die von Propagandaminister Dr. Joseph Goebbels herausgegebene Wochenzeitschrift »Das Reich« in einem Artikel über »Heimische Kraftstoffe« vom 29. Dezember 1940 kundtat, nicht nur Buchenholz, sondern auch »das minderwertige Astholz der Kiefer benutzt werden kann. Durch die Heranziehung weiterer vergasungsfähiger Brennstoffe wie Torf, Anthrazit und Schwelkoks kann eine Überbelastung des Heizmarktes verhindert werden.« Als gegen Kriegsende der flüssige Kraftstoff immer rarer wurde, liefen etwa 80 % aller deutschen Kraftfahrzeuge mit Holzgas: Personen- und Lastwagen, Omnibusse, Traktoren, Schlepper und sogar Panzer.
Der Generator, ein monströses Gebilde, in dem das getrocknete Holz in Gas umgewandelt wird, saß bei den meisten Autos rücklings, bei LKWs zwischen Führerhaus und Pritsche. Bei den Personenwagen wurde, um Platz zu schaffen, kurzerhand und reichlich brutal das Heck aufgeschnitten. Der VW mit seinem Heckmotor machte auch hier eine Ausnahme: Der voluminöse Generator mußte ins Bug wandern und brachte die Front total aus der Façon. Und weil er tief nach unten ragte, ging ein Großteil der wertvollen Bodenfreiheit wieder verloren.

Bevor das Gas nun dem Motor zur Verbrennung zugeleitet wird, muß es gereinigt und gekühlt werden. Der im Gas enthaltene Wasserdampf wird im Kühler ausgeschieden. Durch ein am Motor installiertes Mischventil wird die zur vollständigen Verbrennung notwendige Luft zugeführt. Der Motor saugt die nötige Gemischmenge entsprechend seiner Drehzahl selbst an. Im Herd befindet sich zuunterst die Holzkohle, darüber erst das »Tankholz«. Die vor den Luftdüsen liegende Holzkohle wird durch die Lufteintrittsöffnung mit einer Lunte angezündet. Den erforderlichen Saugzug erzeugt ein Gebläse oder der zunächst mit Benzin laufende Motor. Nach drei bis vier Minuten ist die Gasentwicklung so weit fortgeschritten, daß nun auf Benzin verzichtet werden kann. Entsprechend dem etwas schwächeren Heizwert muß die Zusatzluft auf den günstigsten Wert eingestellt werden. Dazu muß während der Fahrt ein Hebel reguliert werden. Durch die Erhöhung des Verdichtungsverhältnisses im Motor, Anpassung des Zündzeitpunktes an das nicht so zündwillige Gas kann der Leistungsabfall im idealen Fall auf 20 % reduziert werden. Der eigentliche Holzvergaser, der Gaskühler, Absitzbehälter, Nachreiniger, die notwendigen Stahlrohre als Verbindungen (bisweilen übers Dach laufend) und die prall gefüllten Holzsäcke auf dem Dachgepäckträger — kurz, die ganzen scheußlichen An-und Aufbauten — haben die Personenwagen ziemlich verunstaltet. Zusätzliche Verkleidungen — beim VW-Käfer als stromlinienförmige Spitze à la Ford Eifel — haben den schrecklichen Anblick nur ein bißchen gemildert.
Der Umgang mit dem Generator war eine diffizile Sache und nichts für nervöse Geister: Technischer Verstand, ruhig Blut, himmlische Geduld, ein tiefes Einfühlungsvermögen in die Seele des Autos und eine stoische Gelassenheit gegenüber Ruß und Gestank waren von Nöten, um so ein holzbetriebenes Auto mit einem Tempo von höchstens 50 km/h ans naheliegende Ziel zu bringen.
Schon das »Tanken« war eine knifflige Sache: Eine Auto-Zeitschrift aus Freiburg gab im November 1947 den Ratschlag: »Vor dem Tanken etwa eine halbe Minute Vollgas geben und plötzlich Zündung ausschalten. Dann Lufthebel in Nullstellung bringen, schnell Wartungsarbeiten verrichten und, wie üblich, mittels Starter oder durch Abrollen am Berg starten.«
Schlimm war, wenn der Fahrer vergessen hatte, rechtzeitig einige Scheit Holz nachzulegen, und wenn keine Holzkohle mitgeführt wurde, um den heruntergebrannten Feuerbettinhalt zu ergänzen. Auch dazu ein Tip: »Zunächst eine Schicht von 10 - 20 cm Holz oder Braunkohle einfüllen. Fülldeckel öffnen und in die Schnüffelklappe ein Stück Holz oder dergleichen klemmen, damit ungehindert Luft eintreten kann. Nach etwa 30 bis 40 Minuten Kraftstoff auffüllen. Deckel schließen, wie gewöhnlich anfachen und starten.«

Mochte sich der stolze Fahrer auch noch so freuen, wenn er mit seinem Gefährt auf den wenigen glatten Straßen ohne Rütteln und Schütteln dahinglitt, dem Gaskessel-Auto tat es keinesfalls gut, wenn es so allzusehr verwöhnt wurde: »Beim Fahren auf der Autobahn und auf Straßen, die sich in sehr gutem baulichen Zustand befinden und den Wagen wenig erschüttern, macht sich bei manchen Holzgaserzeugern Hohlbrenngefahr bemerkbar. Um während der Fahrt zum Stochern nicht aussteigen zu müssen, wird empfohlen, beim Auftreten solcher »Autobahn-Hohlbrenner« über die in größeren Abständen auf der Autobahn vorhandenen Ausweich- bzw. Parkstellen zu fahren. Erklärung: Diese Ausweich- bzw. Parkstellen sind in der Regel mit Mosaikpflaster versehen, und der Fahrweg weist an den Übergangsstellen der Ein- und Ausfahrten zu der eigentlichen Autobahn meist eine kleine für den Wasserablauf notwendige Rinne auf. Durch das Hindurchfahren erfolgt eine kleine Erschütterung des gesamten Gaserzeugers, die genügt, um ein Nachfallen des Holzes und damit eine Beseitigung des Hohlbrennens zu bewirken. Wird der Hohlbrenner zu spät beseitigt, so besteht Gefahr, daß teerhaltiger Kraftstoff in die Glutzone gelangt. In diesem Falle ist kurz zu meilern.«
Auch das abendliche Abstellen war eine Umstandskrämerei und heillose Prozedur. Wer den guten alten Kohleofen von zu Hause aus noch kennt, kann sich noch eine Vorstellung davon machen: Entleeren der Asche, Reinigung des Generators bzw. Nachstochern des Schachtinhalts usw. Sinnvoll war es, den Generator über Nacht durchbrennen zu lassen, da dann durch das nächtliche Entschwelen des über dem Feuerbett liegenden Treibstoffs ausreichend Holzkohle oder Braunkohlebrikettkoks gebildet wurde und dadurch kein »frischer« Treibstoff in Düsennähe zu liegen kam. Wer den brennenden Gaserzeuger über Nacht im Schuppen, in der Werkstatt oder Garage abstellte, tat freilich gut daran, mit einem biegsamen Schlauch als Absaugrohr

die entstehenden Gase durch den Schornstein abzuleiten. Und: »Morgens wird der Generator zur Schonung der Batterie mittels eines fahrbaren Gebläses, welches an die Starkstromleitung angeschlossen ist, angeblasen.«
Allem Unbill zum Trotz: Freundschaftlicher scheint das Autofahren in jener düsteren Zeit allemal gewesen zu sein. So wird dem passionierten Autler der kameradschaftliche Ratschlag gegeben: »Helft euch gegenseitig! Schon von weitem erkennt ihr ja an dem hochragenden Gaserzeuger oder an dem vorgebauten Gaskühler, daß der Fahrer des mit einer Panne auf der Autobahn liegenden Wagens ein »Zunftgenosse« ist. Haltet an und helft, soweit ihr könnt. Sei es, daß er etwas Holzkohle braucht oder Kraftstoff, um bis zur nächsten Tankstelle zu kommen, sei es, daß ihm ein Verbindungsschlauch gebrochen ist und er zur notdürftigen Behebung des Schadens einen Ersatzschlauch braucht oder dergleichen. Es soll dem Erzählen nach sogar schon vorgekommen sein, daß ein Berliner Interzonenreisender, der auf einsamer Landstraße in Bayern eine Reifenpanne hatte, von einem bayrischen Gengasfahrer einen Ersatzreifen geliehen bekam, mit dem er in Begleitung seines Retters wenigstens bis zur nächsten Vulkanisieranstalt fahren konnte. Dieses Beispiel echter Hilfsbereitschaft soll uns allen ein Vorbild sein!«
Dem Holzvergaser wurde übrigens noch 1947 eine große Zukunft prophezeit, denn der Treibstoffmangel war in dieser Zeit noch so groß, daß die Zuteilung auch nicht für den allerdringendsten Einsatz ausreichte. So konnte man in der schon zitierten Freiburger Auto-Zeitschrift lesen: »Als einziger Ausweg, auch auf lange Sicht, bietet sich der vermehrte Einsatz von Generatoren in der Verkehrswirtschaft und die Verwendung fester heimischer Kraftstoffe. Diese Kraftstoffe ruhen in unerschöpflicher Menge im deutschen Boden, kosten keine Devisen und spielen auch für die Arbeitsbeschaffung eine Rolle. Das Festkraftstoff- und Generatorproblem ist kein untergeordnetes Teilprogramm der Verkehrswirtschaft; es kann nur im Rahmen der gesamten Wirtschaftspolitik gesehen und entschieden werden. Es ist kein besonderer Glücksumstand, daß der größte Teil unserer Generatoren-Herstellerwerke leistungsfähig bereitsteht und eine Umstellung auf den Generatorbetrieb verhältnismäßig schnell durchzuführen ist.«
Nach der Währungsreform verschwanden die rauchenden und übelriechenden Holzgas-Antriebe indessen sehr schnell wieder. In den fortschrittsbewußten 50er Jahren mit ihren chromblitzenden, pastellfarbenen Autos wurden sie erbarmungslos verschrottet. So hat leider keiner dieser urigen Gaskessel-Volkswagen die Wirren der Zeit überlebt. Er wäre ein Leckerbissen für jedes technische Museum.

Volkswagen mit Flaschengasbetrieb (Typ 240), September 1943. Die Bilder zeigen den Einbau der Gasflasche neben dem Rücksitz, die Verkleidung der eingebauten Flasche und den Anschluß an den Motor.

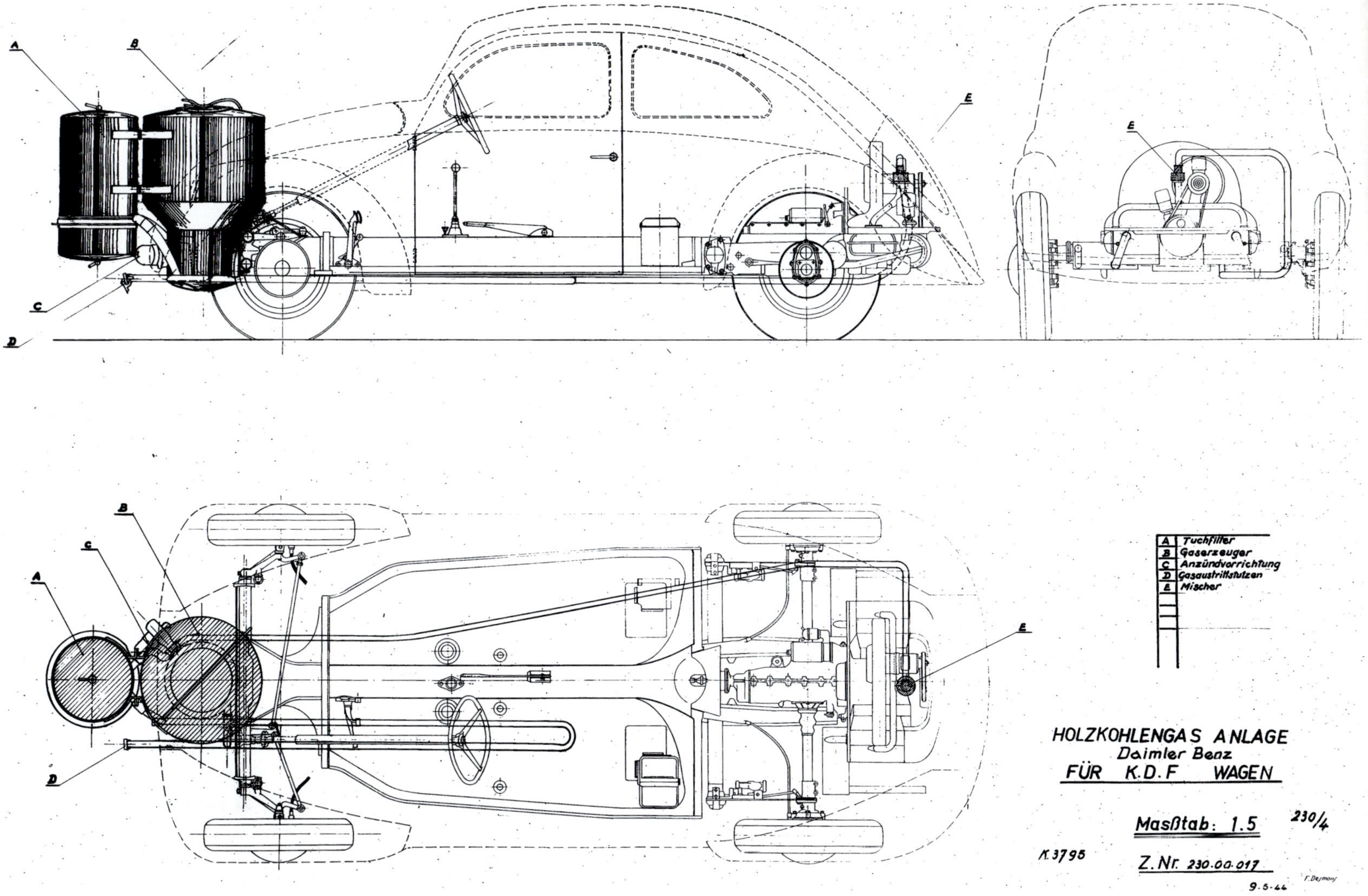

Plan für eine Holzgasanlage von Daimler-Benz für VW/Porsche Typ 230/4 vom 9. Mai 1944. Das entsprechende Auto zeigt das folgende Foto.

VW Typ 92 mit Holzgasgenerator von Daimler Benz (Porsche Typ 230), Baujahr 1944.

Kübelwagen und Geländekäfer mit Generatorbetrieb (»Versuchswagen für heimische Kraftstoffe«)

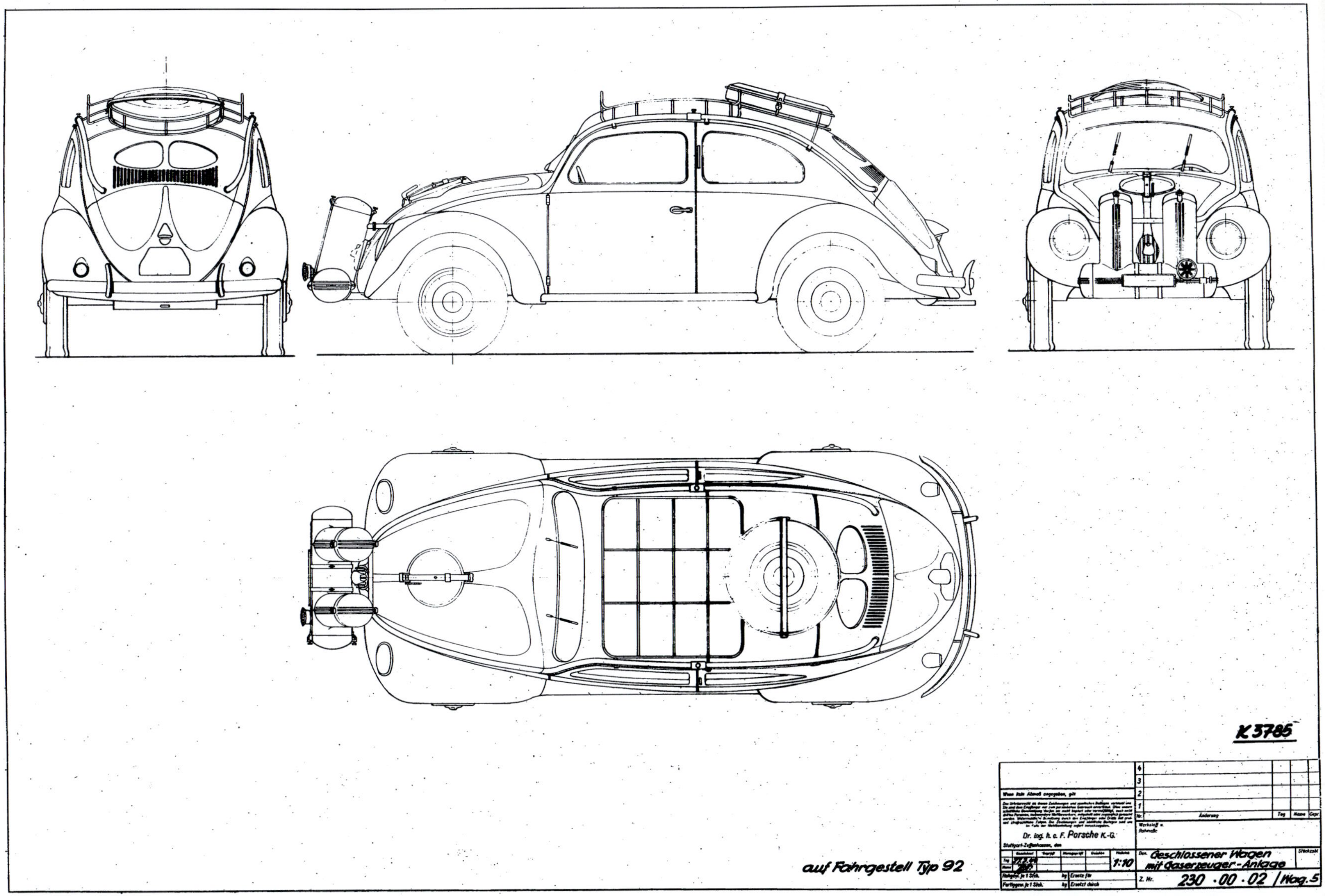

Konstruktionszeichnung für den Umbau einer Geländelimousine (Typ 92) auf Gaserzeuger, Anlage vom 27. März 1944.

Bei diesem Porsche Typ 230 wurde die Holzgasanlage durch eine stromlinienförmige Verkleidung abgedeckt. Auch für dieses Fahrzeug wurde ein Dachgepäckträger mit spezieller Reserveradhalterung konstruiert. Auf dem Dach wurde bei Pkws der »Festkraftstoff« in Säcken transportiert. Das Fabrikgebäude im Hintergrund ist mit Tarnnetzen bespannt. Bild unten: die geöffnete Haube der verlängerten Frontpartie gibt einen Blick frei auf den Generator und den Vorreiniger.

Frontansicht einer Geländelimousine mit Holzvergaser (Porsche Typ 230), Baujahr 1944. Die Haube wird mit Spannfedern gehalten und ist weit aufgeschnitten, um für den voluminösen Generator Platz zu schaffen. Bei geöffneter Haube sieht man hinter dem Generator den Vorreiniger. Wie man sieht, ragt der Generator weit unter den Wagenboden; wahrscheinlich wurde deshalb der Gelände-VW mit hohem Fahrgestell bevorzugt.

Volkswagen im Kriegseinsatz

Der VW-Gelände-Limousine fiel im Kriegseinsatz nur eine Nebenrolle zu; zu wenige waren davon gebaut worden. Im Gegensatz dazu wurde der Kübelwagen fast überall eingesetzt — er war der deutsche Jeep. Der Schwimmwagen fand ab 1942 hauptsächlich bei den Aufklärungseinheiten der Panzergrenadiere Verwendung und hier speziell bei den schnellen Verbänden der Waffen-SS, den selbständig operierenden Kradschützenbataillonen als moderne Kavallerie, für Stoßtruppunternehmen, also beim raschen Vorpreschen schnell beweglicher kleiner Angriffseinheiten, beim Vortasten im Gelände, zur Bekämpfung gegnerischer Widerstandsnester usw. Häufig wurden Kübel- und Schwimmwagen auch als Verbindungs- und schnelles Kurierfahrzeug eingesetzt. Die Leichtigkeit und hohe Geländetauglichkeit des VW erwiesen sich als unbedingte Vorteile. Auf den verschlammten Rollbahnen Rußlands blieb nicht selten auch der Volkswagen stecken; aber wo andere Wagen schon lange aufgegeben hatten, wühlte er sich noch immer im tiefen Morast vorwärts. Hinzu kommt, daß der VW gegenüber extremen Klimaten mit Luftkühlung und Ölkühler unempfindlich war. Einen Mercedes-Kübel z.B. mußte man nach kalten Winternächten mit Lötlampen, heißem Wasser oder Benzinfeuer unterm Motorblock wieder zu Laufen bringen. Beim VW genügte oft einfaches Durchstarten oder Anschieben. Auch uei heißem Wüstenklima war der VW-Kübel resistent. Den Strapazen des Rußlandkrieges uns Durchstarten oder Anschiebend des Afrikafeldzuges war er allemal gewachsen.

Als großes Plus erwies sich, daß der simpel gebaute Volkswagen mit den wenigen Bordmitteln meist repariert werden konnte, daß durch die relative Häufigkeit des VW Teile ausgetauscht werden konnten, daß die Ersatzteilversorgung relativ gut funktionierte. Von unschätzbarem Vorteil war auch die Wendigkeit des kleinen Volkswagens im dichten Kolonnenverkehr, im Stau vor Engpässen, Brücken, Furtübergängen, im Durcheinander der Ketten- und Radfahrzeuge, Zugmaschinen, Geschütze, Pferdegespanne, Truppen usw.

Noch ein Wort zum Anstrich: Die Reichswehr hatte bis 1935 eine Grau-Grün-Braun-, die Wehrmacht danach bis Kriegsbeginn eine Dunkelgrau-Dunkelbraun-Tarnung. Ab 1940 wurde einfarbig Dunkelgrau vorgeschrieben. Mit der Ausweitung des Krieges gab es den verschiedenen Kriegsschauplätzen entsprechend unterschiedliche Anweisungen:
Nach einer Weisung vom 17. März 1941 sollten die Fahrzeuge für das Afrikakorps mit gelbbrauner Farbe gespritzt werden (RAL 8000); Tarnungsmuster mit fließenden Übergängen sollten mit grau-grünem Anstrich (RAL 7008) aufgetragen werden. Da das Afrikakorps in aller Eile aufgestellt wurde, um dem bedrängten italienischen Militär zu Hilfe zu kommen, und im Frühjahr 1941 in Deutschland keine Tropenfarben vorhanden waren, wurden dunkelgraue Fahrzeuge an Ort und Stelle der Einfachheit halber oft nur mit einem Lehmbrei beschmiert, um sie den Wüstenfarben anzupassen. Da man mit Farbe zudem sparsam umgehen mußte, wurde die alte graue Grundfarbe meist belassen und gelbbraune Farbe als Tarnflecken zusätzlich aufgetragen. Unter den extremen Bedingungen des Wüstenklimas litten natürlich auch die Fahrzeuganstriche. Die grelle Sonneneinstrahlung bewirkte ein starkes Ausbleichen und Abblättern der Farben. Ein Sandsturm mit der Wirkung eines Sandstrahlgebläses konnte die Lackierung bis auf's blanke Metall zerstören. Die Truppe konnte sich zwar zeitweilig mit britischen Beutebeständen aushelfen, dennoch blieben auch hier ständig Engpässe. Jedenfalls gab es einen einheitlichen Farbanstrich beim Afrikakorps nicht.
Zu Beginn des Rußlandfeldzuges hatten fast alle Fahrzeuge der Wehrmacht die graue Einheitsfarbe. Mit Ausbruch des Winterkrieges wurde der Auftrag von abwaschbarer Wintertarnfarbe angeordnet. Da aber infolge der Nachschubschwierigkeiten solche Kalkfarbe nur begrenzt greifbar war, wurde oft nur fleckenweise oder in Streifen mit einem Reisigbesen beschmiert oder mit kurzen Pinselstrichen »bemalt«. Gelegentlich hat man sich auch mit Schlämmkreide ausgeholfen. Vor russischen Ortschaften oder dort, wo die Schneelandschaft nicht völlig vegetationslos weiß war, genügte dies, um die Konturen des Autos verschwimmen zu lassen. Mit der Frühjahrsoffensive 1942 in Richtung Stalingrad, Maikop, Baku kam zum üblichen dunkelgrauen Wehrmachtsanstrich eine zusätzliche dunkelgrüne Farbfleckentarnung. Im Süden der russischen Front (Kaukasus, Krim) gab es natürlich auch zahlreiche Fahrzeuge mit Sandfarbe.

Mit einer Weisung vom 18. Februar 1943 wurde ein neues Farbsystem eingeführt. Weil der dunkelgraue Anstrich nicht den gewünschten Tarneffekt gezeigt hatte, ging man nun zu dunkelgelber Grundfarbe über. Als zusätzliche Tarnfarbe gab es jetzt olivgrün und rotbraun. Über die Tarnmuster konnten die Einheiten frei entscheiden. Nun entstand ein bizarres Farben-Wirr-Warr. Die Gründe dafür sind einmal wiederum im mangelnden Nachschub zu suchen, zum anderen in den Farben selbst, die sowohl mit Wasser als auch mit Benzin angerührt werden konnten. Mit Hilfe von Wasser aufgetragen zeigten sich die neuen Tarnfarben aber kaum witterungsbeständig. Schon beim nächsten Nieselregen oder Nebel liefen sie in kleinen Bächen am Fahrzeug herunter. Nur mit Benzin verdünnt, waren sie auch resistent. Da Benzin jedoch allerorten fehlte, wurden die Farben dann entweder zu wenig verdünnt oder man half sich mit Altöl hinweg mit der Folge, daß sich die Anstriche verfärbten: aus Grün wurde Schwarz, aus Braun Rot.

Solange die deutsche Luftwaffe die Luftherrschaft besaß, sah man bei der Wehrmacht nur selten die Notwendigkeit, die Fahrzeuge mit Buschwerk zu tarnen. Dies änderte sich mit der Kriegswende 1942/43, vor allem aber mit der amerikanischen Invasion in der Normandie im Juni 1944. Da die Alliierten nun die totale Luftherrschaft über Frankreich hatten, konnten deutsche Reserven tagsüber nur gut getarnt an die Invasionsfront herangeführt werden. Um die Umrisse der Fahrzeuge zu verwischen, wurde jetzt zusätzlich mit Laubwerk, Nadelzweigen oder Strohbüscheln getarnt. Einige Bilder in diesem Buch geben davon einen Eindruck.
Die angespannte Versorgungs- und Nachschublage brachte es mit sich, daß zunehmend nicht nur Tarnfarben fehlten, sondern viel mehr noch Ersatzteile und Reifen für die Instandsetzung. Da zudem die deutschen Truppen spätestens ab 1943 im Osten in immer stärkerem Ausmaß in verlustreiche Kämpfe verwickelt waren, blieb kaum noch Zeit für Wartungsarbeiten. In den Frontwerkstätten wurde nur noch notdürftig repariert oder ausgeschlachtet, um die Ausfallzeiten kurz zu halten. Die Lebensdauer der Fahrzeuge betrug in der Regel nur drei Wochen. Unter diesen Umständen wäre es reinste Zeitvergeudung gewesen, intensive Pflege zu betreiben. Die deutschen Militärfahrzeuge der Jahre 44/45 machen daher einen maroden Eindruck: eingedrückte und verzogene Karosseriepartien, fehlende Teile, falsche Räder und Reifen usw. Makellos, wie die restaurierten Kübel- und Schwimmwagen heute auf den Veteranentreffen erscheinen, dürften im Krieg nur wenige Exemplare bei Ausbildungstruppen in den Heimatkasernen im Deutschen Reich ausgesehen haben.
Viele Volkswagen blieben beim Rückzug der deutschen Truppen einfach am Straßenrand stehen. Viele Fahrzeuge wurden aus Mangel an Benzin aufgegeben, andere blieben als Wracks auf dem Gefechtsfeld oder infolge Fliegerbeschuß zurück. Je nach Bedarf und Möglichkeit haben sich noch deutsche Nachhuten bedient, und natürlich haben die gegnerischen Streitkräfte und Einheimische in Besitz genommen, was entlang der alliierten Vormarschstraßen herumstand.

Der japanische Botschafter vor dem Botschaftsgebäude in Berlin. Der VW hat eine japanische Standarte und ein »CD«-Kennzeichen an der Wagenfront. Auf dem linken Kotflügel der im Krieg obligatorische Tarnscheinwerfer.

Die VW-Limousine wurde während des Krieges hauptsächlich an Werksangehörige, Dienststellen des Staates und der Partei ausgeliefert und meist für Repräsentationszwecke oder Versuchsfahrten eingesetzt. Dieser VW-Käfer hat kriegsbedingt abgedeckte Scheinwerfer und einen Tarnscheinwerfer auf dem linken Kotflügel.

Für das Kolonialpolitische Amt im Reichsaußenministerium wurden 1941 zwei Gelände-Käfer auf Kübelwagenfahrgestell gebaut (deutlich sichtbar an der hochbeinigen Bauart). Die Wagen haben Glanzlack, verchromte Stoßstangen, an der Seite ein Klaxonhorn und fuhren im Konvoi mit anderen Fahrzeugen nach Afghanistan.

Die beiden Afghanistan-Käfer beim Start in Berlin und in einer Stadt auf dem Balkan (nächste Seite oben)

Mit dem VW-Käfer 1941 in Budapest.

DIE DEUTSCHE ARBEITSFRONT · NSG. „KRAFT DURCH FREUDE", GAU BERLIN

Der KdF.-Wagen
(in Friedensausführung) vor dem Alten Museum, Berlin

Kraft durch Freude

8. JAHRGANG · NUMMER 5 · 1. MAI 1941 · 10 PFENNIG

Auch er fährt mit gegen Engelland . . .

Er — nämlich der KdF.-Wagen — den wir auf unserem Bild in seinem feldgrauen Kleide fast nicht erkannt hätten, und den wir hier als treuen Helfer der Luftwaffe vor zweitausendjährigen Tempelruinen auf Sizilien sehen. Herr Churchill hätte sich gewiß nicht träumen lassen, daß er dem durch seinen Rundfunk längst totgesagten KdF.-Wagen so schnell schon begegnen würde. In unerschütterlichem Vertrauen zu „ihrem KdF.-Wagen" sparen gerade jetzt Hunderttausende von Volksgenossen unbeirrbar weiter, in der Hoffnung, ihn recht bald nach siegreich beendetem Kriege zu erhalten. Dies beweist auch nebenstehendes im Auszug veröffentlichte Schreiben, das wir von einem z. Zt. in Afrika stehenden Soldaten erhalten haben.

An die NSG. „Kraft durch Freude"   Afrika, im März 194
Gaudienststelle Berlin

Heute erhielt ich von Ihnen eine Aufrechnung über abgeliefer Sparkarten usw. . . . Hoffentlich befriedigt mich me KdF.-Wagen nachher genau so, wie heute als Kübe wagen hier in der großen Wüste. Heil Hitler!

Heinz T . . ., Obergefreit

Libyen 1942. Eine Kübelwagen-Besatzung spricht mit einem Einheimischen. Die Via Balbia war die einzige asphaltierte Straße in der Cyrenaika.

Zwei Kübelwagen des Afrikakorps. Auffallend sind die zwei Reserveräder auf der Wagenfront.

Verladung von Fahrzeugen in Neapel

Einmarsch einer motorisierten Aufklärungsabteilung in Bengasi (1941)

Dieser Kübelwagen mit der üblichen dunkelgrauen Grundfarbe wurde mit Lehm angestrichen, um ihn der Wüstenfarbe anzupassen. Der Lehmanstrich blättert an vielen Stellen schon wieder ab. Auch die Windschutzscheibe wurde mit Schlamm verschmiert, um ein Glänzen in der Sonne zu vermeiden. Das Verdeck wurde im allgemeinen nicht überschmiert, weil hier der Lehm wegen des Flatterns der Plane rasch abbröckelte. Über dem Scheinwerfer hängt der Stahlhelm des Fahrers. Auf dem Kotflügel ist das Zeichen des Afrikakorps sichtbar: Palme mit Hakenkreuz.

Ein VW-Fahrer beobachtet den Luftraum. Auch bei diesem Kübel wurde die graue Grundfarbe mit Lehm überdeckt.

Die Mannschaft dieses Luftwaffenkübels in der Nähe von Tunis ist bei ihrer Erkundungsfahrt auf der Hut vor Minen.

VW-Kübelwagen als Panzerattrappe beim Afrikakorps. Solche Fahrzeuge wurden von Rommel häufig für Täuschungsmanöver eingesetzt.

Kradschützen im neuen Kübelwagen auf dem Truppenübungsplatz Heuberg im Frühjahr 1941. 15. Kompanie, Regiment »Nordland«. Beachte die Schutzhülle um die Windschutzscheibe.

Linez 16. Oktober 1941. Eine Bauernscheune wird als Garage und zur Deckung benutzt.

Schirdra-Stellung August 1942. Im Hintergrund ein durch feindlichen Flieger in Brand geschossenes russisches Bauerngehöft.

Kontrolle durch Feldjäger

Der Kübelwagen einer Waffen- und Funkmeisterei.

Die Vorräte an weißer Tarnfarbe waren meist begrenzt. Daher wurde dieser Kübel nur sparsam mit Streifen und Flecken bemalt. Mit dem groben Anstrich hebt sich das Fahrzeug kaum von der schwarz-grau-weißen Landschaft mit Schnee und Sträuchern ab.

Ostfront Winter 1941. Zwei mittlere Einheits-Pkw sind mit Kalkfarbe beschmiert oder bespritzt worden. Dem VW-Kübel fehlt noch die Wintertarnung.

Bilder von den Kämpfen um Husiatyn/Ukraine in der glühenden Sommerhitze des Juli 1941. Die Bilder geben einen Eindruck von den Anforderungen an Menschen und Fahrzeuge.

Motorisierte Spähtrupps der Waffen-SS (Leibstandarte Adolf Hitler) mit Kübelwagen am Stadtrand von Cherson.

Aufnahmen von einem SS-Kriegsberichter (Propaganda-Kompanie), veröffentlicht in: »Das Schwarze Korps«, 29. Juli 1943.
»Der schwimmende Volkswagen nimmt jedes Hindernis. Durch Kornfelder, über Hänge und Täler oder durch Flüsse und Seen geht der Marsch«.

»In dem unwegsamen Gelände sind die Kradschützen nicht mit dem Krad, sondern mit dem Volkswagen ausgerüstet«. (Originalunterschrift, Schw.Korps, 18.3.43)

SS-Grenadiere sind mit getarntem VW auf eine Brücke gefahren, um sie im Handstreich zu nehmen und den Übergang zu erzwingen.

»Die Schwimmwagen, mit Zeltbahnen und Zweigen getarnt, nähern sich dem feindlichen Ufer.« (Schw. Korps 28.10.43)

Aufnahmen vom Einsatz einer Aufklärungsabteilung der Waffen-SS. Veröffentlicht in: »Das Schwarze Korps«, 9. September 1943 unter dem Titel »Die leichte Kavallerie von heute«. »Zur Aufklärungsabteilung gehören auch die wendigen, geländegängigen Schwimmvolkswagen.«
Oben: Ein Fahrer macht Meldung.
Unten: Gefangene Russen werden nach Waffen durchsucht.
Rechts oben, nächste Seite: Im Kampf gegen eingedrungene Sowjetstreitkräfte.

Ostfront Okt./Nov. 1943. Die schweren Abwehrkämpfe sind im Gang. Am Steuer des VW der Ritterkreuzträger (Eichenlaub) SS-Sturmbannführer Georg Bochmann.

Fleckig getarnter Schwimmwagen einer Aufklärungsabteilung.

Ein VW-Schwimmkübel der 72. Infanterie-Division (Stab 266) mit bemerkenswerter Tarnung. Winter 1944/45

Bei diesem Schwimmfahrzeug in Rußland wurde die ursprünglich graue Lackierung einfach mit gelben Flecken überspritzt. Ein Kuriosum an diesem Volkswagen ist die Auspuffanlage quer über dem Heck außerhalb der Karosserie. An der Seite sind Spaten und Paddel befestigt. Die Scheinwerfer haben die üblichen Abdeckungen mit Schlitzen. Das Fahrzeug hat normale VW-Felgen.

Ein verstaubter Kübelwagen des Afrikakorps (Palmsymbol an der Tür). Das Kennzeichen WL weist auf ein Fahrzeug der Luftwaffe hin. Deutlich sichtbar die abgedeckten Scheinwerfer, der Tarnscheinwerfer neben dem Reserverad, die Winker am Fensterahmen, die Hupe an der Tür. Rechts am Fahrzeug ist der Spaten befestigt. Auf dem linken Kotflügel sieht man das taktische Zeichen. Beim genaueren Betrachten fällt die unterschiedliche Bereifung auf.

Motorisierte Truppen der SS-Division »Wiking« im Sommer 1941 in den weiten Ebenen Rußlands. Das Reserverad des Schwimmwagens ist mit einer Hakenkreuzfahne abgedeckt, um der Luftwaffe die Spitze des deutschen Angriffs zu signalisieren. Zwischen den deutschen Soldaten kampieren russische Gefangene.

Auf Erkundungsfahrt in den weiten Ebenen Rußlands mit zwei Kübelwagen.

Rußland Sommer 1943. Ein Schwimmwagen der SS-Panzerdivision »Das Reich«.

Patrouille der Waffen-SS mit VW-Schwimmwagen

Reichsmarschall Hermann Göring inspiziert Kübelwagen der Luftwaffe.

Der General der Panzertruppe Heinz Guderian (im Bild links salutierend) verabschiedet sich von Generalleutnant Paulus (im Kübelwagen hinten), der sich als Oberquartiermeister I im Oberkommando des Heeres bei der Panzertruppe orientierte.

Auch Felix Steiner, General der Waffen-SS, ist mit dem Kübelwagen unterwegs.

Eine Feier bei der Luftwaffe, Offiziere fahren eine Ehrenrunde. (BA)

Etwas abseits vom Kriegsernst: eine Probefahrt mit dem Schwimmwagen auf der Dnjestr-Schleife. Die 97. Jäger-Division mit der »Spielhahnfeder« als Divisionszeichen hatte den Sitz ihres Divisionsstabes ursprünglich in Bad Tölz.

Eine Einheit der Waffen-SS auf dem Rückzug, Frühjahr 1943. Ein VW-Kübel zwischen zwei Schützenpanzerwagen, links im Bild zwei Lkw mit Halbketten (»Maultier«), im Hintergrund neben dem Motorradgespann ein VW-Schwimmer.

Kradschützen der 9. Panzerdivision überholen einen Büssing-NAG 8 Tonner. Aufgenommen bei Kiew September 1941.

Rückzug zum Bug, Frühjahr 1944: zwei VW-Kübel, ein Steyr 1500 A und ein Büssing NAG 4,5 Tonner.

Neben den mächtigen Halbketten-Zugmaschinen vom Typ BN 9 (Büssing-NAG) wirkt der kleine VW-Kübelwagen geradezu putzig. Panzer-Grenadier-Division »Großdeutschland«.

Mit seinem Zweiradantrieb war der Kübelwagen gegenüber allradgetriebenen Militärfahrzeugen mitunter benachteiligt. Trotzdem waren auch solche Situationen gut zu meistern.

Herbstschlamm in Rußland!

Schwimmwagen einer Aufklärungseinheit im Wintereinsatz an der Ostfront 1943. Die Fahrzeuge sind mit Schneeketten ausgerüstet.

Ein Schwimmwagen beim Ansatz zur Wasserfahrt.

Der Einsatz schneller Truppen erfolgte früher beritten, im modernen Krieg motorisiert. Hier sieht man Kavallerie mit mot-Verbänden im Volkswagen in Rußland nebeneinander.

Ein Schwimmwagen der 205. Infanteriedivision

Fahrschule auf einem Truppenübungsplatz mit Kübel, Schwimmwagen und Halbketten-Zugmaschine.

Wenn kein Wagenheber greifbar ist, tut es auch ein Holzklotz!

Zur Not kann der Schwimmwagen auch mit Muskelkraft angehoben werden!

Transportprobleme gelöst! VW auf Schützenpanzerwagen, Sommer 1943, Verlegung der 1. SS-Panzer-Div. von der Ostfront nach Italien.

Die beiden unteren Bilder zeigen die Verlegung einer SS-Aufklärungsabteilung von Griechenland nach Rumänien. Transport per Eisenbahn und auf eigener Achse. 1944

Ein Kübel in der Wüste. Man sieht deutlich den Schaltbretteinsatz mit Tachometer. Links und rechts davon die Sicherungskästen. Lenkrad mit dicken Speichen. Ein Foto aus der niederländischen Ausgabe der deutschen Propagandazeitung »Signal«.

Porsche und Versuchswagen 1943 in Prag.

Mühselig quälen sich die Verbindungsfahrzeuge auf den Rollbahnen vorwärts, die zur Zeit der Schneeschmelze in Schlammpisten verwandelt werden.

Die Aufklärungsabteilung der »Leibstandarte Adolf Hitler« tritt zum Gegenstoß an. 6. März 1943.

11. Juli 1943: Eine Aufklärungsabteilung dringt in Wassiljewka ein. Die Kradschützen springen aus voller Fahrt ab und gehen zum Angriff über.

Schwimmwagen der 3. SS-Panzerdivision

Die Männer einer Fernsprechkompanie sind mit dem Volkswagen unterwegs (Division »Das Reich«).

Fahrzeugwracks nach einem Luftangriff.

Der berüchtigte SS-Obergruppenführer Theodor Eicke, an der Ostfront Kommandeur der SS-Totenkopf-Division, steigt in seinen VW-Kübelwagen.

Stoßtrupp der Waffen-SS mit zwei Kübelwagen in voller Fahrt.

Ein Volkswagen-Kübel als sowjetisches Beutefahrzeug. Das Kennzeichen hat kyrillische Buchstaben. Aufgenommen Juli 1944 in Wilna.

Ein Bild vom italienischen Kriegsschauplatz 1944 (Nettuno). Ein VW-Kübel weicht einem Schützenpanzerwagen aus, der Verwundete nach hinten bringt (Rotkreuzfahne).

Waffen-SS bei einer Parade in Paris 1942

Eine Wehrmachtskolonne mit Schwimmwagen passiert die Grenze zwischen Menton und Monaco. 1943 (BA)

Ein Schwimmwagenpulk in Toulon 1943

Aufnahmen aus dem deutsch-besetzten Monaco, oben: vor dem berühmten Spielkasino, unten: auf der Küstenstraße (BA).

Nur sprungweise und gut getarnt können freie Straßenstrecken noch zurückgelegt werden. Originale Bildunterschrift: »Unaufhörlich rollen die langen, endlosen Kolonnen unserer Eingreifreserven über die Landstraßen der Normandie gegen die Landeköpfe der Anglo-Amerikaner.« Aufgenommen 8. Juni 1944, zwei Tage nach Invasionsbeginn.

Die alliierte Luftherrschaft über Frankreich im Jahre 1944 machte jede Fahrt tagsüber zu einem lebensgefährlichen Abenteuer.

Eine beim Rückzug zusammengeschossene und brennende Fahrzeugkolonne mit VW.

»Flüchtlingslos in der Normandie. Der Strom der hochbepackten Flüchtlingskarren und -wagen auf den Straßen, die aus dem Kampfgebiet herausführen, reist nicht ab.« (Originalunterschrift)

Invasionsfront 1944. Aus Rußland abgezogene SS-Divisionen stehen im Mittelpunkt der Kämpfe gegen die gelandeten anglo-amerikanischen Verbände. Soldaten einer SS-Einheit mit Schwimmwagen beim Gegenangriff im Raum Caen.

Westfront. Ein mit Buschwerk getarnter Schwimmwagen einer Fallschirmspringer-Einheit.

Invasionsfront 1944. Ein ziemlich ramponierter Schwimmwagen in einer Vorstadt von Caen. Die Wagenfront ist mit einem Tarnnetz abgedeckt. Das Fahrzeug hat deutliche Unfallschäden.

Invasionsraum 1944. Sturmgeschütz III auf dem Marsch zur Front. An der Spitze der Kolonne ein VW, gefolgt von einem Kradmelder.

Die Besatzung eines Schwimmwagens salutiert bei der Abfahrt zur Front. Westen Herbst 1944.

Der Kübelwagen eines Panzergrenadier-Regiments an der Invasionsfront 1944.

Ein getarnter Kübel verläßt den Gutshof des ehemaligen Klosters Ardenne nordwestlich von Caen. Das taktische Zeichen auf dem Kotflügel gibt die Zugehörigkeit zur 12. SS-Panzerdivision »Hitlerjugend« an. Sommer 1944.

Ein Schwimmwagen der 6. Panzerarmee (Waffen-SS) bei der deutschen Ardennenoffensive im Dezember 1944 zwischen Malmedy und St. Vith.

SS beim Angriff gegen englische Luftlandetruppen bei Arnheim.

Ein Schwimmwagen des Heeres im winterlichen Nadelwald 1944.

Zur Not fahren im engen Schwimmwagen auch mal sechs Landser mit! 78. Infanterie- und Sturm-Division. Weihnachtstag 1944.

Ein VW-Kübelwagen wird von einer Fähre über einen Fluß des Weserberglandes übergesetzt. Frühjahr 1945

Englische Luftlandetruppen überqueren mit einem erbeuteten Kübelwagen den Rhein. März 1945

Amerikanische Soldaten inspizieren einen erbeuteten VW-Kübelwagen der Waffen-SS. Beachte die unterschiedliche Bereifung, die typisch ist für den Reifenmangel in Deutschland gegen Kriegsende. Eine Szene aus der Ardennenoffensive im Dezember 1944.

Westfront Frühjahr 1945 in einer Kleinstadt. Deutsche und amerikanische Soldaten neben einem Kübelwagen der Luftwaffe.

Invasionsfront 1944: Ein von Amerikanern erbeuteter Volkswagen.

Berlin Bülowstraße, Juli 1944 nach einem Luftangriff. An der zerstörten S-Bahnlinie fährt ein KdF-Wagen (VW Typ 60) vorbei.

Wien, Anfang April 1945. Die Stadt ist zum Verteidigungsbereich erklärt worden. Einheiten der Waffen-SS haben Straßensperren an den Ausfallstraßen errichtet. Am 10. April dringen die Sowjets in die Stadt ein. Über die einzige Lücke im sowjetischen Umfassungsring an der Florisdorfer Brücke verlassen die Reste der deutschen Verteidiger Wien. Bild oben: Zwischen dem Posten und der zerstörten Straßenbahn ein Kübelwagen. Bild unten: Eine Wehrmachtskolonne mit VW, Opel- und Ford-Lastwagen.

Berlin Mai 1945: Im Innenhof der Reichskanzlei steht ein zerschossener Volkswagen (Gelände-Käfer 82 E).

Berlin unmittelbar nach der Kapitulation der Stadt. Zwischen den Trümmern der deutschen Armee suchen sich Ausgebombte ein paar Habseligkeiten zusammen. Zwischen den liegengebliebenen und zerstörten Fahrzeugen stehen auch herrenlose Kübel- und Schwimmwagen.

Wolfsburg 1945/46

Trotz der verzweifelten Anstrengungen, die Heimat zu verteidigen, brach für Deutschland im Frühjahr 1945 unaufhaltsam die Katastrophe herein. Zwischen dem 12. Januar, an dem die Sowjets ihre Großoffensiven an der gesamten Ostfront eröffneten, und dem 12. April, an dem die amerikanische Armee die Elbe überschritt, erlitt die Deutsche Wehrmacht eine totale Niederlage. Im Januar und Februar überrannten die Russen Ost- und Westpreußen und besetzten das oberschlesische Industriegebiet (die einzige deutsche Industrieregion, die bisher von alliierten Bomben weitgehend verschont geblieben war). Anfang März konnten die ausgebluteten deutschen Streitkräfte zwar die Rote Armee an der Oder noch eine Zeitlang aufhalten, am 16. März brach aber auch diese letzte große deutsche Verteidigungsstelle vor dem Ansturm der weit überlegenen russischen Armeen zusammen. Ende Februar hatten die Anglo-Amerikaner die Rheinfront eingedrückt und am 7. März den Rhein überschritten. Am 6. März wurde Köln erobert, am 29. Frankfurt. Am 1. April wurde eine deutsche Heeresgruppe im Ruhrgebiet eingeschlossen. Am 9. April nahm die 9. US-Armee Hannover und überquerte die Reichsautobahn nach Braunschweig. Am 11. April erreichten die US-Truppen die Elbe bei Magdeburg.

Die Kriegsmaschinerie der Feindmächte rollte nun auch auf die Volkswagenstadt zu. Am 5. April erscheinen auf der Fallersleber Chaussee versprengte deutsche Einheiten; sie sind abgehetzt, übermüdet, völlig unzureichend bewaffnet und setzen sich nach Osten ab. Am nächsten Tag werden an den örtlichen Volkssturm Waffen ausgegeben; die restlichen Lebensmittelvorräte werden an die Bevölkerung verteilt. Am Montag, den 9. April hört man Kanonendonner aus dem Raum Hannover. Vom Volkssturm werden ganze 47 Mann aufgeboten. Daraufhin wird beschlossen, die Stadt des KdF-Wagens nicht zu verteidigen und den Volkssturm wieder aufzulösen. Bilder der Parteigrößen, Karteien usw. werden verbrannt. Am Mittwoch, den 11. April, sind alle verbliebenen deutschen Einheiten abgerückt. Der Standortälteste und auch das örtliche SS-Kommando sind verschwunden. Es verbreitet sich das Gerücht, amerikanische Divisionen hätten in der Nähe den Mittellandkanal überquert und seien im Anmarsch. Aller Widerstand scheint sinnlos zu sein. Die Belegschaft des VW-Werks (zu diesem Zeitpunkt 9 000) wird nach Hause geschickt. In der von Angst, schrecklichen Erwartungen und einer latenten Panikstimmung geprägten Situation überstürzen sich die Ereignisse; die Lage ändert sich stündlich. Die Bande der Ordnung sind völlig zerrissen.
Die Kriegsgefangenen und Zwangsarbeiter — Russen, Polen, Italiener und Franzosen — stürmen die Waffenlager der abgezogenen deutschen Einheiten. Ein Lebensmittelzug am Stadtrand wird von Deutschen und Ausländern geplündert. Am Donnerstag, den 12. April, rollt gegen Mittag der erste US-Panzer in die Stadt ein. In den Lagern hissen die Ausländer ihre Fahnen zur Begrüßung der Amerikaner.

In den nächsten Tagen kommt es zu Plünderungen, Schießereien und Ausschreitungen gegenüber der deutschen Bevölkerung. Es entladen sich die gestauten Affekte. Es gibt Tote auf allen Seiten. Deutsche Familien fliehen aus Angst vor der Überwältigung durch die freigewordenen Zwangsarbeiter in die nahegelegenen Wälder. Man versucht, einen Ordnungsdienst aufzustellen, da immer noch keine Besatzung eingezogen ist. Soweit es geht, wird der Arbeitseinsatz organisiert. Aber das Chaos ist nicht mehr zu beherrschen: Die Plünderungen der Vorratslager, insbesondere der Kartoffelmieten auf dem Land, der Läden und Wohnungen gehen unentwegt weiter. Die Russen haben sogenannte »Bluttribunale« inszeniert und ermorden ihnen mißliebige Personen. Französische Kriegsgefangene und Holländer gehen gegen Polen und Russen mit der Parole »Rettet Westeuropa« vor. Die Tullio-Cianetti-Halle wird blindlings zerstört. Ein Pastor und der Leiter des Preßwerks werden bei den US-Streitkräften in Fallersleben wegen einer regulären Besetzung der von Aufruhr, Plündereien und gewalttätigen Übergriffen aller Art bedrohten KdF-Stadt vorstellig. Am Mittwoch, den 18. April, ziehen schließlich die Amerikaner ein. Es herrschen ein völliges Durcheinander und ein wildes Völkergemisch. Mitunter getrauen sich die Deutschen gar nicht mehr auf die Straße.
Am 20. April versammelt sich in Berlin im Führerbunker unter der Reichskanzlei noch einmal die NS-Prominenz aus Anlaß von Hitlers 56. Geburtstag. An die offenbare Aussichtslosigkeit

der Lage noch nicht glaubend und immer wieder von optimistischer Situationsbewertung beflügelt, war Adolf Hitler noch überzeugt, vor den Toren Berlins die letzten Bastionen des Großdeutschen Reiches halten zu können und den Krieg so letztlich doch noch zugunsten Deutschlands entscheiden zu können. Am 21. April sandte er ein Danktelegramm an Mussolini: »Meinen Dank Ihnen, Duce. Der Kampf, den wir um unsere nackte Existenz führen, hat seinen Höhepunkt erreicht. ... Im Geiste zäher Todesverachtung werden das deutsche Volk und alle, die gleichen Geistes sind, diesen Ansturm zum Halten bringen, wie schwer auch der Kampf sein mag, und durch ihren einzigartigen Heldenmut den Verlauf des Krieges ändern. In diesem historischen Augenblick, in dem das Schicksal Europas auf Jahrhunderte hinaus entschieden wird, sende ich Ihnen meine herzlichsten Grüße. Adolf Hitler.« An der Ostfront kämpfen Wehrmacht, Waffen-SS und Volkssturm immer noch mit dem Einsatz aller Kräfte bis zum Tag der Kapitulation gegen die Rote Armee.

An diesem Tag beginnen in der Volkswagenstadt die Aufräumungsarbeiten. Der einheitliche Arbeitslohn beträgt 80 Pfennige pro Stunde.

Die amerikanische Besatzung hatte ursprünglich die Absicht, das VW-Werk zu sprengen. Die Werksleitung kommt zu täglichen Besprechungen zusammen. Werksleiter Rudolf Brörmann protestiert nachhaltig gegen die geplante Sprengung. Er läßt aus vorhandenen Teilen einen Kübelwagen zusammenbauen und versucht, die Amerikaner von dessen Vorzügen zu überzeugen. Rudolf Brörmann (1891 - 1957) war vor dem Krieg Inspektionschef bei Opel und hatte damals schon den späteren VW-Chef Heinrich Nordhoff kennengelernt. Nordhoff leitete das LKW-Zweigwerk in Brandenburg, wo der berühmte Opel-Blitz gebaut wurde. Brörmann war im Stammwerk in Rüsselsheim tätig, ging aber 1938 zu VW, wo er wiederum als Inspektionschef arbeitete. Während des Krieges war er im Rahmen der V 2-Produktion, für die das Volkswagenwerk Teile lieferte, auch in der Raketenforschungsstelle Peenemünde mit Aufgaben betraut. Entgegen den heutigen Angaben des VW-Werks war Brörmann nie in den USA gewesen. Obgleich Parteimitglied, wird Rudolf Brörmann eine antifaschistische Gesinnung und obendrein eine höchst eigenwillige Persönlichkeit nachgesagt. Häufig geriet er in Auseinandersetzungen mit der Werksleitung, mit Porsche und den Parteigrößen. Unter diesen Umständen konnte auch Brörmanns Kooperation mit den Amerikanern und den Engländern nicht lange gutgehen. Die Briten warfen ihn kurzerhand hinaus, als ihnen der eigenwillige Stil nicht mehr passte. Die Zugehörigkeit des Werkschefs zur NSDAP war dabei Anlaß genug.

Daß das Volkswagenwerk im Frühjahr oder Sommer 1945 nicht restlos gesprengt wurde, ist letztlich Rudolf Brörmann zu verdanken. Er hat sich nachhaltig dafür eingesetzt, die Produktion von Fahrzeugen wieder in Gang zu bringen. Das VW-Werk hat ihm dies wenig gedankt. Brörmann hat lange umsonst um seine Rehabilitierung gekämpft. Das Werk legt den Mantel des Schweigens um diese Epoche und läßt die offizielle Firmengeschichte erst 1948 mit dem Dienstantritt Heinrich Nordhoffs beginnen.

Nordhoff hat mit der ihm eigenen Eitelkeit und Arroganz für sich immer wieder das Verdienst des Neubeginns und Neuaufbaus in Anspruch genommen. Tatsächlich waren aber die großen Schäden längst repariert und die Produktion wieder in Schwung gebracht, als der neue Mann 1948 kam. Dies schmälert nicht Nordhoffs Verdienst an der weiteren Prosperität des Werks, macht aber deutlich, daß andere unter unsäglichen Schwierigkeiten in den drei Jahren von 45 bis 47 die eigentlichen Aufbauarbeiten leisteten.

Nordhoff hat diese Verdienste nie anerkannt. Die herrische Tonart und die auftrumpfende Grobheit dieses Mannes haben seine Vorgänger alsbald zu spüren bekommen. Als Brörmann ihn 1948 um eine Stelle in der Kundendienst-Abteilung angehen wollte, hat der großspurige neue Herr über VW ihn fünf Stunden vergeblich warten lassen. Resigniert zog Brörmann von dannen.

Wie dem auch sei, jedenfalls interessierten sich die Sieger für das merkwürdige Auto, das sie schon im Krieg als Beutefahrzeuge kennengelernt hatten. Am 8. Mai inspizieren englische Offiziere — Oberst Radclyffe, Major Hirst — das Werk. An diesem Tag findet die bekannte Wettfahrt zwischen einem VW-Schwimmwagen und dem US-Jeep statt, bei dem der VW glanzvoll abschneidet. Brörmann überzeugt Radclyffe von den Vorzügen des Volkswagens und der Lieferbereitschaft des Werks. Daraufhin erteilt die britische Rheinarmee einen Auftrag über 20 000 Fahrzeuge.

Im Mai und Juni 1945 wird zwar versucht, durch Einsetzung eines Stadtmagistrats und einer verantwortlichen Werksleitung dem chaotischen Wirr-warr entgegenzutreten und eine planmäßig steuernde Regie aufzubauen. Aber die unstete, fast täglich wechselnde Einschätzung der Personen und Lage seitens der Alliierten durchkreuzen lange jede geordnete Führungsarbeit. Die herangeholten deutschen Führungsköpfe gingen wie durch eine Drehtür. Innerhalb weniger Tage werden Stadträte und Wirtschaftskräfte vom Dienst suspendiert, verhaftet und wieder in die alten Posten eingesetzt, um schließlich wieder hinter Schloß und Riegel gesetzt zu werden.

Immerhin wird Rudolf Brörmann am 22. Mai zum Betriebsleiter ernannt, am 28. erfolgt die offizielle Einsetzung. In diesen Zeitraum fällt auch die erste Sitzung der Stadtverordneten, die vom amerikanischen Stadtkommandanten, einem Oberleutnant, ernannt wurden. Der Magistrat beschließt die Namensänderung der Stadt in »Wolfsburg«, die bis dato noch offiziell »Stadt des KdF-Wagens« hieß (25. Mai).
Ein technischer Zeichner namens Kern liefert die Vorlage für das Stadtwappen: Ein Burgtor mit einem stilisierten Wolf und Wellenlinien, die den Mittellandkanal symbolisieren. Der Name der Stadt wird von dem Renaissanceschloß Wolfsburg übernommen, das seit 1742 im Besitz der Grafen von der Schulenburg war. Anfang Juni wird die neue Namensgebung vom Regierungspräsidenten, dem Freiherrn von Heintze, und dem Landrat Thomas anläßlich eines Besuches beim Stadtmagistrat mündlich genehmigt. Auf der zweiten Sitzung der von der Besatzungsmacht eingesetzten Stadtversammlung wird der neue Name sanktioniert (22. Juni).

Am Sonntag, den 3. Juni, übernehmen die Briten die Besetzung der Stadt. Die Plünderungen und Zerstörungen gehen indessen weiter, und es gibt immer wieder Tote und Schwerverletzte. Mitte Juni laufen Bestrebungen an, die Schuljugend wieder zu erfassen, aber der Unterricht bleibt einstweilen noch verboten. Die Kinder mußten unter Aufsicht ihrer Lehrer Reinigungsarbeiten im Stadtbereich übernehmen und Kartoffelkäfer einsammeln.
Schon im Mai war die Fertigung von Fahrzeugen wiederaufgenommen worden, die eigentlich nur wenige Tage unterbrochen war. Aus übriggebliebenen Teilen wurden noch in diesem Monat 110 Kübelwagen zusammengeschraubt. Sie wurden an die 9. amerikanische Armee ausgeliefert. Unter und zwischen den Trümmern lagen noch einige halbfertige Fahrzeuge und zahlreiche Fahrgestelle und Karosserien. Von einer zielstrebigen Ankurbelung der Produktion und Aktivität kann freilich nicht die Rede sein. Die zögernd und halbherzig eingeleiteten Maßnahmen waren kaum Ausdruck eines konstruktiven Konzepts als vielmehr einer provisorischen Verfügung. Bis 1947 waren nämlich Aufbauarbeiten, Reparaturen, Instandsetzungen an Gebäuden und Maschinen offiziell verboten, denn erst in diesem Jahr wurde die Absetzung von der Demontage beschlossene Sache.
Nach den Vorgaben der Besatzung sollte das VW-Werk zunächst nur als Instandsetzungsbetrieb für die eigenen Militärfahrzeuge genutzt werden. Da aber infolge der hohen Kriegsverluste ein großer Bedarf an Kraftwagen sowohl bei den Alliierten als auch bei deutschen Behörden bestand, entschloß man sich zu einer (vorläufigen) Produktion von Automobilen.
Ein weiterer wichtiger Grund kommt hinzu: Der Raum Wolfsburg war Sammelbecken höchst kontroverser Menschenmassen: ehemalige Zwangsarbeiter verschiedener Nationen, deutsche und fremdländische Kriegsgefangene, Flüchtlinge aus dem Osten, Kommunisten, Nazis, Westler vegetierten hier im Freien oder in schier endlosen Barackenansammlungen beieinander. Bei den Deutschen führten das Trauma des total verlorenen Krieges, die Demütigungen des Selbstbewußtseins und die Aussichtslosigkeit zu depressiven Stimmungen; bei den Ausländern waren es die in der Gefangenschaft lang angestauten Affekte, die sich nun in brutalen Aggressionen in den Straßen Wolfsburg entluden. Das zerrüttete öffentliche Bewußtsein war in dieser katastrophalen Lage in jedem Augenblick für neue ideologische Mobilisierung zugänglich. Opportunismus und Charakterlosigkeit hatten sich 1945 und davor oft genug in verblüffenden politischen Kehrtwendungen bekundet. Eine Gefahr bestand in Wolfsburg zusätzlich in der Nähe der Grenze zum sowjetischen Machtbereich. Bei den tonangebenden Engländern überwog allmählich die Einsicht, der hochgespannten sozialen Lage entgegenwirken zu müssen. Ohne das VW-Werk war es aber unmöglich, Arbeit und Brot zu beschaffen. Es war also taktisches Geschick der am Ort Verantwortlichen, die Demontage zu hintertreiben und auch den Reparationsansprüchen der Franzosen entgegenzutreten.

Es zeugt freilich auch vom Mut zur Improvisation, vom energischen Wiederaufbauwillen, von der zähen Geduld und den massierten Bemühungen der Menschen, wenn bei den katastrophalen wirtschaftlichen und technischen Vorbedingungen — fehlende Materialien, Energieversorgung, Transportkapazitäten, Facharbeiter, Geldreserven usw. — den permanenten desillusionierenden und zermürbenden Auseinandersetzungen und Querelen mit der Autorität der Besatzungsmacht und bei dem herrschenden Durcheinander der widersprüchlichsten Anordnungen dennoch eine bescheidene, aber kontinuierlich wachsende Fahrzeugproduktion in Gang gebracht werden konnte: Nach Angaben des VW-Werks wurden 1945 gebaut:

1. Januar bis 10. April	4 330 Kübelwagen
Mai	110 Fahrzeuge
Juni	85 Fahrzeuge
Juli	188 Fahrzeuge
August	161 Fahrzeuge
September	205 Fahrzeuge
Oktober	212 Fahrzeuge
November	421 Fahrzeuge
Dezember	403 Fahrzeuge

Bis Jahresende 1945 wurden also noch 1785 Volkswagen gebaut:
Produktion 1945 (Mai bis Dezember):
669 Typ 51 (vorher Typ 92/82 E) Geländekäfer
520 Typ 21 (vorher Typ 82) Kübelwagen
275 Typ 83 Geländekäfer mit Kastenaufbau (Reichspost)
225 Typ 28 Kübelwagen mit Kastenaufbau (Reichspost)
57 Typ 11 Käfer normal (vorher Typ 60, KdF-Wagen)
6 Typ 70 (vorher Typ 166) Schwimmwagen, aus Restteilen
3 Typ 27 Kübelwagen mit Pritsche

Im Januar 1946 werden noch einmal 55 Geländekäfer und ein Kübelwagen gebaut. Der letzte hochbeinige Käfer auf Kübelwagenfahrgestell wird am 29. Januar 1946 gefertigt. Insgesamt wurden 1945/46 1260 hochbeinige Käfer (Limousine und Lieferwagen) gebaut. Zunächst ein Einzelstück ist die am 22. Oktober 1945 gebaute normale Limousine Typ 11 für Direktor Brörmann, da nur noch ein normales vorderes Achsschenkelpaar vorhanden war. Diese Teile waren erst ab Dezember 1945 wieder greifbar, so daß Ende des Jahres noch wenige Typen fertig werden. Direktor Brörmann gibt den Wagen weiter an Oberst Radclyffe. Im Dezember hat das Werk eine Belegschaft von 6033 Leuten.

1946 wurde der Ausstoß an Fahrzeugen erheblich gesteigert: Im Januar liefen schon 875 Wagen vom Band. Die Produktion erhöhte sich in den folgenden Monaten auf 1000. Das von Brörmann anvisierte Ziel von monatlich 3000 Wagen bis Jahresende wird wegen der allgemeinen Mangelerscheinungen allerdings längst nicht erreicht.
Daß eine vernünftige Preiskalkulation offenbar noch nicht möglich war, zeigen die erheblichen Schwankungen des Verkaufspreises: Bis Ende März kostete die Standard-Limousine 4 150 RM, ab April erhöht sich der Preis auf 5000 RM; er gilt bis Juni, denn ab Juli wird er auf 4000 RM gesenkt, um im Dezember wieder auf 5000 RM zu steigen.

Die Produktionssteigerung im Wolfsburger Werk trug freilich wenig zur Linderung der allgemeinen Transportprobleme im zerstörten Deutschland bei, denn nur ein minimaler Bruchteil der neuen Volkswagen kam in deutsche Hände. Erst am 9. August 1946 wurden die ersten Käfer an deutsche Behörden in der britischen Zone ausgeliefert. An private Interessenten wurden zu diesem Zeitpunkt noch keine Wagen abgegeben.
Dabei wäre die Versorgung des Marktes mit Neuwagen für den Wiederaufbau ein Segen gewesen, denn eine Transportkrise allerhöchsten Ausmaßes lähmte schon in den Anfängen die einfachsten Maßnahmen. Die Schienenwege und das rollende Eisenbahnmaterial waren nahezu völlig zerstört, die Schiffahrtswege durch Hindernisse, wie gesprengte Brücken, blockiert, die

Lastkähne, Hafenanlagen durch Bombenangriffe großenteils vernichtet. Da während des Krieges zudem fast alle verfügbaren Lastwagen an den Fronten verschlissen wurden, auch die Treibstoff- und Ersatzteilversorgung völlig unzureichend war, fehlte es außerdem im Straßenverkehr an allen Ecken und Enden an geeigneten Transportmöglichkeiten. Außerdem waren die Verkehrswege, insbesondere die Autobahnen, durch Bomben und Sprengung von Brücken infolge der Kampfhandlungen am Kriegsende zerstört. Die verheerenden Wirkungen hatten im Winter 46/47 alle am eigenen Leib erfahren müssen: Während im Ruhrgebiet die Kohlehalden auf immer höhere Mengen anwuchsen, erfroren andernorts in Deutschland Tausende von Menschen, weil das Heizmaterial nicht dorthin gebracht werden konnte, wo es dringend benötigt wurde.

Die angespannte Transportlage machte es unbedingt erforderlich, vorhandene Personenwagen in Lieferwagen umzubauen, wenngleich damit meist nur in Einzelfällen geholfen werden konnte. Im allgemeinen ging man dabei so vor, daß bei den irgendwie noch brauchbaren Limousinen die Karosserie hinter dem Fahrersitz bis zur Höhe der Radkästen abgeschnitten und achtern ein Kasten oder eine Pritsche aufgesetzt wurde. Dabei entstanden oft die abenteuerlichsten Umbauten — ohne Rücksicht auf die Stabilität der Karosserie. Die altgedienten, hochbetagten Opel, Adler, Mercedes, DKW usw. aus den dreißiger Jahren wurden so massenweise zweckentfremdet und verunstaltet.
Den Verkehrsfachleuten war freilich klar, daß der überalterte Fahrzeugbestand so bald als möglich erneuert werden mußte. Einige Hersteller fertigten deshalb nach dem Krieg serienmäßig umgebaute Personenwagen. Daimler Benz z.B lieferte ab Mai 1946 als ersten Nachkriegs-Mercedes überhaupt den 170 V Lieferwagen — ein äußerst primitives Gefährt mit einem Fahrerhaus und Türen aus Sperrholz.

Auch die VW-Leute machten sich daran, die beiden verbliebenen Ur-Volkswagen, den Kübel und die Limousine, den vielfältigen Transportaufgaben der deutschen Dienststellen, speziell der Reichspost und der Sanitätsdienste, anzupassen.
Die Autos wurden dadurch zwar nicht schöner, denn einigen wurde ein recht klobiger Holz-oder Blechkasten aufgesetzt, aber sicherlich waren diese merkwürdigen Vehikel in der armseligen und mittellosen Zeit im großen und ganzen brauchbar. Insgesamt wurden 500 Volkswagen mit Kastenaufbau für die Post gebaut: 225 Kübelwagen Typ 28 und 275 VW-Käfer Typ 83. Die Lieferungen für die Reichspost begannen im September 1945 und endeten im Dezember. Mit Kastenaufbau wurde auch ein Krankenwagen für verschiedene Sanitätsdienste gebaut. Da der Kasten für den liegenden Transport zu kurz war, ragte das Kopfende der Bahre in den Fahrerraum. Der Beifahrersitz mußte daher entfallen.

Für den Reichspost-VW gab es vom Werk auch einen Einachs-Anhänger (Typ 93). Fuhr man nun mit voll beladenem Gespann, hatte der VW-Motor mit seinen knapp 25 PS viel Gewicht wegzuschleppen. Hier war das untersetzte Kübelwagengetriebe tatsächlich von Vorteil.
Zu den vom Werk 1945 gebauten Nutzfahrzeugen zählten auch zwei offene Varianten: Als Typ 27 erschien der Kübelwagen mit Pritsche, von dem aber wahrscheinlich nur drei Exemplare gebaut wurden. Der Typ 81 hatte Limousinenform, war also ein Käfer mit Pritsche. Für beide Wagen gab es einen offenen Anhänger. Eine große Rarität ist auch der VW Typ 100, ein Käfer als Zugmaschine mit verkürztem Kübelwagenfahrgestell.
Die Volkswagen von 1945/46 legen zwar Zeugnis ab von der hohen Kunst der Improvisation in jenen kargen Jahren; sie waren aber meist nur notdürftig zusammengeschustert: Miserable Lackierungen, brüchige Lenkungen, schiefziehende Bremsen gehörten zur Normalität der damaligen Produktion. Die Ausstattung war armselig: Viele Käfer hatten auch die simplen Sitze vom Kübelwagen und verzichteten zwecks Materialeinsparung auf Türverkleidungen, Kurbelfenster, Radkappen, den rechten Wischer. In die vorderen Kotflügel wurden die Einheitsscheinwerfer der Wehrmachtsfahrzeuge montiert, von denen noch Lagerbestände übrig geblieben waren.

Zu den Versuchsfahrzeugen gehören auch zwei VW-Käfer mit Allradantrieb, die 1946 aus Restbeständen der Schwimmwagen-Fertigung gebaut wurden. Davon ist noch ein Exemplar im Automuseum Wolfsburg erhalten. Es entstand im August 1946 und wurde am 27. November zugelassen. Aus der Rahmennummer VR 24 (= Versuchsrahmen) ist zu schließen, daß neben der regulären Fabrikation noch 24 Versuchsfahrzeuge gebaut wurden, über die aber nichts mehr bekannt ist.

1946 ging man auch wieder daran, die schlichte VW-Limousine etwas aufzuwerten und zu veredeln. So entstand ein frühes Export-Modell mit spärlicher Chromzier (Lampenringe, Radkappen, Stoßstangen oder Türgriffe von Auto zu Auto unterschiedlich, verchromt oder lackiert), angenehmen Sitzen und gelegentlich Glanzlack. Auch ein paar flotte Kabrios wurden wieder hergestellt. Einige dieser offenen Volkswagen mit grauer Militärfarbe haben höhere englische Offiziere benutzt. Und Oberst Radclyffe ließ sich bekanntlich einen schnittigen offenen Zweisitzer bauen, der wohl das Vorbild für das VW-Hebmüller-Kabrio von 1949/50 abgab. Freundliche Vorboten der kommenden Wirtschaftswunderzeit waren einige VW-Kabrios mit heller Zweifarbenlackierung und Chromschmuck.
Die Jahresproduktion betrug 1946 10 020 Wagen. Im Dezember mußte das Werk infolge Materialmangels stillgelegt werden. Zu den Personalia dieses Jahres ist noch anzumerken: Im Februar setzt die Militärregierung Dr. Münch als Cheftreuhänder ein, die offizielle Ernennung erfolgt am 17. Juni. Am 31. August wird Münch Generaldirektor und löst damit Rudolf Brörmann ab, der sich mit den Engländern überworfen hat und aus der Leitung des VW-Werks ausscheidet.

Typenliste (August 1945 bis Oktober 1946)

(Alte Typennummern in Klammern)

Typ 1 VW-Limousine
- Typ 10 Fahrgestell
- Typ 11 Limousine (Typ 60)
- Typ 12 Limousine viertürig
- Typ 13 Kabrio-Limousine (Typ 60 CL)
- Typ 14 Kabrio-Limousine viertürig
- Typ 15 Kabriolett

Typ 2 Kübelwagen
- Typ 20 Fahrgestell
- Typ 21 Kübelwagen viersitzig (Typ 82)
- Typ 22 Funkwagen
- Typ 23 Nachrichtenwagen
- Typ 24 Gerätewagen
- Typ 25 Feuerwehrwagen
- Typ 26 Kübelwagen mit Anwerfgetriebe (Typ 198)
- Typ 27 Kübelwagen mit Pritsche
- Typ 28 Kübelwagen mit Kastenaufbau

Typ 3 Kübelwagen mit Allradantrieb
- Typ 30 Fahrgestell
- Typ 31 Kübelwagen viersitzig (Typ 86/87)
- Typ 32 Funkwagen
- Typ 33 Nachrichtenwagen
- Typ 34 Gerätewagen
- Typ 35 Feuerwehrwagen
- Typ 36 Kübelwagen mit Anwerfgetriebe
- Typ 37 Kübelwagen mit Pritsche

Typ 4	Großer Schwimmwagen Typ 40 (Typ 128)
Typ 5	Geländelimousine (hohes Fahrgestell, Aufbau KdF/Käfer) Typ 50 Fahrgestell Typ 51 Geländelimousine (Typ 92/82 E) Typ 52 Geländelimousine viertürig Typ 53 Kabrio-Limousine Typ 54 Kabrio-Limousine viertürig Typ 55 Kabriolett Typ 56 Geländekäfer mit großer Ladefläche
Typ 6	Stationär-Motor mit Regler (Typ 120) Typ 60 (Typ 120) Typ 61 1500 U/min Typ 62 1800 U/min Typ 63 3000 U/min
Typ 7	Kleiner Schwimmwagen Typ 70 (Typ 166)
Typ 8	Geländekäfer als Nutzfahrzeuge (hohes Fahrgestell) Typ 80 entspricht Typ 50 Typ 81 Pritschenwagen Typ 82 Typ 83 Kastenwagen (Reichspost) Typ 84 Typ 83 mit Gepäckgitter über alles Typ 85 Typ 83 mit vorderem Gepäckgitter Typ 86 Typ 83 als Krankenwagen Typ 88 Feuerwehrwagen mit Pumpe
Typ 9	Einachsanhänger Typ 91 offen Typ 92/93 Kastenanhänger
Typ 10	Zugmaschine, verkürztes Fahrgestell Typ 20 bzw. 82 Aufbau KdF/Käfer Typ 100 Stranßenzugmaschine Typ 101 zweitüriger offener Pritschenwagen

Englische Militärs inspizieren den Geländekäfer (VW Typ 51).

Auslieferung von Geländekäfern an die britische Armee. Deutlich sichtbar das hochbeinige Fahrgestell. 1945

Britisches Militär startet im VW-Werk zu einer Versuchsfahrt: Hinter den beiden Schwimmwagen folgt ein Geländekäfer (aufgenommen im Sommer 1945).

Britische Offiziere testen den VW-Schwimmwagen auf dem Werksgelände und im nahegelegenen Mittellandkanal.

Ein Kübelwagen aus der Nachkriegsproduktion, wahrscheinlich Sommer oder Herbst 1945. Aufschrift an der Tür: »Wolfsburg Motor Works« / »Wolfsburger Motoren Werke«. Die Radkappen und der rechte Scheibenwischer wurden wegen Materialknappheit noch eingespart.

Werksgelände Winter 45/46 mit Kübelwagen, Käfer, Mercedes und Tatra

Ein Kübelwagen mit Kastenaufbau für die Reichspost. Die ersten ausgelieferten Fahrzeuge wurden noch rot (Reichspostfarbe), spätere schon gelb lackiert. Insgesamt wurden von Sommer 1945 bis Jahresende nur 275 derartige Kübelwagen gebaut (VW Typ 28).

Ein Geländekäfer mit Kastenaufbau als Sanitätswagen (VW Typ 83). Besonders auffällig hier das hohe Geländefahrgestell des Kübelwagens.

Ein Lieferwagen für die Reichspost mit Anhänger (1945).

Geländekäfer mit Pritschenaufbau (Bj. 1945). Wahrscheinlich war dieser Wagen ursprünglich eine Limousine, die später zum Lieferwagen umgebaut wurde. Radkappen von 1948. Bild unten: Das gleiche Auto als Abschleppwagen. Das Geländefahrgestell mit der extremen Getriebeuntersetzung war dafür besonders geeignet. Man hat daher diese alten Käfer werksintern noch einige Jahre eingesetzt.

Geländekäfer als Zugmaschine mit verkürztem Kübelwagenfahrgestell (Bj. 1946). Spartanische Innenausstattung: Kübelwagensitze, keine Türverkleidung (VW Typ 100)

Auch der Fahrzeugbestand der britischen Armee wurde im Krieg verschlissen. Ersatz war dringend nötig. Die Engländer benutzten deshalb gern den deutschen Volkswagen als Dienstfahrzeug.

Auch das VW-Kabriolett wurde als Dienstwagen requiriert.

Mit Zweifarben-Glanzlack und Chromteilen präsentiert sich dieses schöne Kabrio, das möglicherweise aus einer Limousine gebaut wurde (vgl. Heckabschluß über der Motorhaube). Die Kennzeichenleuchte stammt noch aus der Kriegszeit. Das Baujahr ist schwer zu identifizieren. Es könnte bis 1944 oder 1946/47 sein. Interessant ist auf dem oberen Bild auch der Kübelwagen mit Holzgasgenerator vor der Wagenhalle. Bild unten: Im Hintergrund zwei VW-Käfer mit englischer Militärnummer.

Der VW-Käfer mit normalem Fahrgestell wurde aber Dezember 1945 wieder gebaut: in einer äußerst armseligen Ausführung, wie man sieht: keinerlei Chromteile, stumpfe Militärfarbe. In den vorderen Kotflügeln: Einheitsscheinwerfer der Wehrmacht (Restbestände), wie sie u.a. auch beim Kübelwagen und bei LKWs montiert wurden (Opel-Blitz, Ford 3000 S, Mercedes 4,5 Tonner). Eingespart wurden noch die Radkappen und der rechte Scheibenwischer. Bei Fahrzeugen der englischen Besatzungsmacht wurden Identifikationsnummern auf Front- und Heckhaube lackiert.

Volkswagen für die französische Armee werden mit der Eisenbahn abtransportiert. Sommer 1944

Autofahren nach dem Krieg

In den ersten drei Jahren nach dem Krieg konnte man bekanntlich ein neues Auto nur gegen Bezugsschein kaufen, den es aber nur für Privilegierte der Besatzungsmacht gab. Die Bezugsscheinpflicht wurde erst einige Wochen nach der Währungsreform aufgehoben. Da man also erst ab Sommer 1948 regulär einen neuen Volkswagen erstehen konnte, waren alle Interessenten in der unmittelbaren Zeit nach dem Krieg auf den Gebrauchtwagenmarkt angewiesen. Die VW-Limousine wurde da höchst selten angeboten — zu wenige waren bis 1945 gebaut worden, und nur einzelne hatten überlebt. Die Baujahre 1945 bis 48 taten überwiegend noch bei den Armeen der Besatzungsmächte Dienst und an ein solches Auto war nur schwer heranzukommen. Freilich: Auf dem Schwarzmarkt ist nichts unmöglich, und so konnte man sich über einen schlitzohrigen, gewieften Händler, einen schlauen Fuchs oder durchtriebenen Schieber eventuell einen CCG-Volkswagen der Alliierten (CCG = Control Commission for Germany) organisieren — zu unverschämten Preisen versteht sich: 30 bis 35 000 RM mußte man für einen fast neuen Militär-VW unter Brüdern schon anlegen.
Ausgemusterte Wehrmachts-Kübel- und Schwimmwagen wurden, sofern sie in Restdeutschland überlebt hatten, aufgrund ihrer höheren Stückzahl häufiger als eine VW-Limousine angeboten. Von Forstleuten, Landwirten, Werkstattbesitzern etc. wurden diese bewährten Geländewagen wegen ihrer kräftigen Traction geschätzt. Und manch einer hat hier ein gutes Schnäppchen gemacht. Wer flink und clever war und das Gras wachsen hörte, konnte mit ein bißchen Glück an solch ein Auto ganz umsonst herankommen, denn in bayrischen und österreichischen Landen hatten sich im Mai 1945 ganze Wehrmachtseinheiten von selbst aufgelöst. Das zurückgelassene Fahrzeugmaterial blieb irgendwo am Straßenrand oder auf der grünen Wiese stehen.
Da hat sich mancher Zeitgenosse ohne langes Fragen selbst bedient und sich solch ein herrenloses Auto weggeschnappt.
Privatkäufer in den Städten hielten eher Ausschau nach einem gut erhaltenen Vorkriegswagen, sofern die Brieftasche diesen horrenden Luxus überhaupt erlaubte. Die Preise für gebrauchte Fahrzeuge stiegen in der unmittelbaren Nachkriegszeit in phantastische Höhen, denn Autos waren absolute Mangelware. Wenn man sich einmal den Spaß macht, in alten Zeitschriften zu blättern, findet man dafür Beispiele genug: Für einen noch passablen Opel-Olympia des Jahrgangs 37/38 mußten immerhin 10 - 15 000 RM hingelegt werden. Wer seinen Blick begehrlich auf einen BMW oder Mercedes dieser Baujahre richtete, mußte gut und gern mit 50 000 RM kalkulieren. Von den Nobelmarken Maybach und Horch, vom Unterhalt gar nicht zu reden. Für die Menschen jener Zeit waren das astronomische Summen.

Indessen: Der Verkauf und Kauf von Kraftfahrzeugen waren vor der Währungsreform nicht ohne große Hindernisse. Kein Auto konnte ohne Genehmigung der Straßenverkehrsbehörden im eigenen Verwaltungsbezirk den Besitzer wechseln. Und außerdem unterlag es dem Schätzzwang. Mit dem Schätzen war das freilich so eine Sache: Kaum einer hielt sich daran, weil die Schätzungen der DAT viel zu niedrig angesetzt waren. Irgendeinen praktischen Wert hatten diese Schätzungen nicht, denn die Verkäufer verlangten, was der Schwarzmarkt hergab. Einigermaßen Sinn hatten sie nur auf der Grundlage des Reichsleistungsgesetzes, also bei Entschädigungen usw.
Wie aber sollte der Schätzwert eines gebrauchten Automobils in der chaotischen Nachkriegszeit ermittelt werden?
Wenn es überhaupt Mechanismen von Angebot und Nachfrage gab, so waren es die des dubiosen Schwarzmarktes. Die Anweisungen der DAT waren gut gemeint und klangen überzeugend, gingen aber an der Wirklichkeit vorbei:
Für die Schätzungen der Altwagen wurden wie heute auch die Preise der Neuwagen zugrunde gelegt. Da es aber noch keine oder kaum neue Autos gab, ging man von den Vorkriegspreisen aus und errechnete nach der Währungsreform dem neuen DM-Wert entsprechend einen Aufschlag von 80 % hinzu — viel zu wenig, wie ein Blick auf die Verkaufspreise zeigt: 1938 kostete z.B. ein viertüriger Mercedes 170 V 3 850 Reichsmark, der gleiche Wagen schlug 1948 mit 8 180 DM zu Buche. Für einen Opel Olympia, den Wagen, der vor dem Krieg am häufigsten gekauft

wurde und etwa der bürgerlichen Mittelklasse entsprach, mußten vor dem Krieg 2 675 RM bezahlt werden, zehn Jahre später 6 785 DM. Ähnlich verhält es sich beim Kapitän (3 575 RM bzw. 9 950 DM) und beim »Buckeltaunus« (2 870 RM/6 695 DM). Sie waren die ersten, die 1947/48 nach dem VW wieder von den Bändern rollten.
Bei den ausgestorbenen Typen, also solchen, deren Firmen nach 1945 die Pkw-Produktion aufgegeben hatten oder im Krieg untergegangen waren (z.B. Adler oder Stoewer), wurde je nach Bekanntheits- oder Beliebtheitsgrad der Aufschlag bis etwa 30 % herabgesetzt. Dabei wurde natürlich auch die Schwierigkeit der Ersatzteilbeschaffung ins Kalkül gestellt.
Vom errechneten Maximalwert der Fahrzeuge hat man nun wie üblich die Wertminderung durch Alter, Zustand, Kilometerleistung usw. in Abschlag gebracht. Die Preise für Gebrauchtwagen fielen zwar nach der Währungsreform, und sukzessive konnte man jetzt wieder neue Autos kaufen. Dennoch blieben die Preise für die Veteranen stabil. Manch einer gab zudem einem komfortablen Vorkriegswagen gegenüber einem neuen VW den Vorzug, denn der VW-Standard von 1948 mit seiner spartanischen Ausstattung, dem laut rasselnden Motor, der stumpfen Lackierung, harten Federung und den Seilzugbremsen war den Vorkriegswagen der gehobenen Klasse mit deutlich mehr Bequemlichkeit und Motorleistung klar unterlegen. 5 300 DM kostete 1948 ein nagelneuer Volkswagen: fürs gleiche Geld konnte man auch einen gut erhaltenen Adler-Diplomat, BMW, Mercedes oder Wanderer nach der Währungsreform erstehen.
Der Volkswagen hatte indessen in jenen wirren Zeiten den höchst schätzbaren Vorzug einer perfekt organisierten Ersatzteilversorgung. Bald nachdem Heinrich Nordhoff im VW-Werk die Regie übernommen hatte, tat er bei jeder sich bietenden Gelegenheit der gespannten Öffentlichkeit Kunde vom beispiellosen VW-Kundendienst: Es war ein absolutes Novum, daß jede autorisierte VW-Werkstatt jederzeit jedes gewünschte Ersatzteil vorrätig hatte. Nordhoff hatte von Anfang an hohe Investitionen in den Reparatur-und Kundendienst getätigt. Und tatsächlich waren alle Teile für den VW schnell greifbar; auch schon vor 1948, als es noch keine etablierte VW-Organisation gab, denn in Wolfsburg wurden wieder in größeren Stückzahlen Autos produziert, und diese mußten ebenso versorgt werden wie die zahlreichen Kübelwagen aus Wehrmachtsbeständen.

Ansonsten sah es mit der Ersatzteilversorgung mehr als traurig aus. Viele Autos standen Wochen und Monate auf den Werkstatthöfen herum, weil irgendein lebenswichtiges Teil fehlte. Natürlich wurde mit allen Tricks improvisiert und geflickt. Man half sich, so gut es eben ging, auch mit artfremden Organen hinweg. Mit großem, improvisatorischen Geschick und schier unbegrenztem Erfindungsreichtum gelang es den Mechanikern, die Alten funktionstüchtig zu erhalten.
Oft aber überließen die Werkstätten dem ratlosen Kunden die Sorge der Ersatzteilbeschaffung. Die wenigen Teile, die irgendwo mit viel Mühe noch zu ergattern waren, wurden von den Werkstattleuten meist für den eigenen Bedarf, Bekannte oder Stammkunden reserviert. Natürlich blieb die Möglichkeit der Einzelanfertigung; der Preis dafür überstieg aber oft das 20fache des regulären Preises und damit die Zahlungsfähigkeit des Kunden.

Die Behörden, die Organisationen der Autofahrer und die Firmen versuchten, der katastrophalen Lage entgegenzuwirken. Das Problem fing freilich schon an mit der Materialbeschaffung und der Frage, für welche Typen überhaupt Ersatzteile nachgefertigt werden sollten. Die in Deutschland kaum überschaubare Typenvielfalt wurde dadurch noch komplizierter, daß infolge des großen Mangels an tauglichen Autos auch noch die allerältesten Veteranen wieder in Betrieb genommen wurden. Fahrzeuge aus den zwanziger Jahren (und noch älter!) tauchten allenthalben wieder im Straßenverkehr auf. In den zwanziger Jahren hatte es im Deutschen Reich ungezählte verschiedene Automobilfirmen gegeben, die meisten waren in den dreißiger Jahren schon wieder verschwunden. Aber aus den Tagen längst vergangener Produktion wurden viele Einzelstücke nach 45 wieder mobil gemacht.
Um die geringen Materialvorräte vernünftig zu verwenden, wurden die bestehenden Firmen von der Militärverwaltung angewiesen, solche Baumuster anzumelden, für die eine Ersatzteilanfertigung wirtschaftlich vertretbar war. Für die Teileproduktion wurden also nur solche Autos ins Auge gefaßt, die in größerer Stückzahl und in rüstiger Verfassung den Krieg überstanden hatten

und daher wohl auch noch einige Zeit brauchbar waren. Seltene Wagen und Veteranen von 25 Jahren und mehr wurden als sogenannte »Sperrtypen« disqualifiziert. Hier blieb dem Besitzer tatsächlich nur die Einzelnachfertigung, wenn sein gutes Stück sonst noch brauchbar war. Düster sah es auch für Fahrzeuge aus, deren Produktionsstätten in die russische Zone geraten waren oder in den an Polen zur Verwaltung übergebenen deutschen Ostgebieten lagen. Bei diesen Fabrikaten wurden »Patenfirmen« in den Westzonen mit Ersatzteilherstellung beauftragt.
Alles in allem war die Ersatzteilversorgung beim Volkswagen tatsächlich mit Abstand am besten, weil die Wolfsburger Motorenwerke bereits 1945 wieder Neuwagen bauten, die anderen Hersteller erst ein bis zwei Jahre danach folgten. Die Instandsetzungsbetriebe von VW wurden in der Planung schon vor dem Krieg, in der Praxis aber ab 46/47 auf höchste Rationalisierung abgestellt, d.h. auf die Wartung und Reparatur nur eines einzigen Fahrzeugtyps. Schon im Herbst 1945 wurde in Wolfsburg die Kundendienstabteilung neu gegründet: eine Ersatzteil-Abteilung, technische Abteilung und eine Kundendienstschule. Im Februar 1946 erschien die erste Ausgabe eines neuen Ersatzteilkatalogs in deutscher und englischer Sprache (Auflage 16 000). Eine zweite Auflage folgte im September. Am 24. Oktober 1947, also noch vor dem freien Verkauf des Volkswagens, begann der Ersatzteil-Austauschdienst.

Ein anderes Problem war der Reifenmangel.
Schon bei der Wehrmacht war gegen Kriegsende Reifenmaterial gekürzt worden, wo es nur ging. So wurden z.B. ab 1944 bei LKWs die hinteren Zwillingsräder eingespart und auf ein zweites Reserverad verzichtet. An Reifen und Felgen wurde auch bei PKWs genommen, was eben noch greifbar war. Mitunter waren vier verschiedene Reifenarten (bisweilen sogar mit unterschiedlichen Felgen) auf ein Fahrzeug montiert. Auf den Bildern sieht man, wie armselig die Autos jener Zeit ausgerüstet waren. Und nach Kriegsende besserte sich die Lage natürlich noch lange nicht. Weil Naturkautschuk fehlte, wurde 1945/46 noch zu 85 % Buna verwendet.
In der britischen Zone wurde der Bunaeinsatz 1946 auf 50 % reduziert, in der amerikanischen Zone wurde Kunstkautschuk allerdings auch 1947 noch in größerem Umfang verwendet.
Die Folge des Bunaeinsatzes war eine Temperaturerhöhung im Reifen bei etwas längerer Fahrtdauer. Zudem mußte die Wandstärke herabgesetzt werden, um Wärme- und Scheuerbeanspruchungen zu verringern. Der größeren Anfälligkeit der Reifen versuchte man durch Herabsetzen der Höchstgeschwindigkeit und Erhöhung des Luftdrucks zu begegnen.

Aber damit nicht genug:
Es fehlte auch an Kunstseide in ausreichendem Umfang; die importierte Baumwolle entsprach qualitativ nicht den Anforderungen der Reifenindustrie, die natürlich genauso wie alle anderen Industriebereiche während des Krieges und danach von häufigen Unterbrechungen der Energieversorgung betroffen war.
Die Reifenindustrie war also nicht entfernt in der Lage, den Bedarf zu decken. Außerdem stellte der Generaldirektor der Hauptverwaltung der Straßen in einer Denkschrift über die »Behebung des Reifennotstandes im Kraftfahrzeugverkehr« vom 17. Juni 1947 fest, daß die Reifenqualität und die Laufleistungen nur noch 25 bis 30 % der Vorkriegsleistung betragen.
An Neureifen war auch nach dem Krieg kaum heranzukommen. Zwar konnte die Produktion 1947 wieder rapid gesteigert werden (370 000 Einheiten bei Continental in Hannover), aber nur der allergeringste Teil wurde Privatfahrern zugeteilt: Zuerst wurden natürlich die Besatzungsmächte bedient, danach kamen deutsche Behörden, Reichspost und Reichsbahn an die Reihe. Für die russische und französische Zone wurde noch einmal eine zusätzliche Rate abgezwackt. Dann wurde die Erstausrüstung der Kraftwagen-Neuproduktion bedacht. Am Schluß standen dann die Straßenverkehrsbehörden, bei denen die Ersatzbeschaffung für die im Betrieb befindlichen Wagen geregelt wurde. Und da sah es ganz finster aus: Im Sommer 1948 gab es viele Autobesitzer, denen seit August 1945 erst ein Reifen für ihr braves Vehikel zugeteilt worden war. Und das bei dem ruinösen Zustand der Fahrzeuge, die man nur notdürftig wieder zusammengeschustert und wieder gangbar gemacht hatte: Ausgeschlagene Achsschenkel und Radlager, eine verstellte Spur, schiefziehende Bremsen u.a. waren ganz normal, haben aber das brüchige Reifenmaterial über das gewohnte Maß belastet. Und daß die wenigen Autos bei dem allgemeinen Mangel an Transportmöglichkeiten auch rücksichtslos überladen wurden, versteht sich von selbst. Wenn man dann noch bedenkt, daß die deutschen Straßen und Autobahnen infolge der

Kriegsereignisse und jahrelanger unterlassener Reparaturen in miserablem Zustand waren und die Reifenqualität schlecht war, weil gute Materialien fehlten, wundert man sich doch, wie lange ein Satz Pneus gehalten hat — oder besser: halten mußte. Da wurde dann ein Schlauch zum wer weiß wievielten Male wieder geflickt und in die Decke noch einmal eine unförmige Einlage eingeklebt. In völlig abgefahrene, glatte Reifen wurde neues Profil eingeschnitten, oft nur eine ganz simple Zickzack-Linie von 2 mm Tiefe.

Derartig bestückt mußte man schon sehr froh sein, wenn man einmal 30 Kilometer weiterfahren konnte, ohne gleich wieder eine Reifenpanne zu haben. Beim nächsten Schlagloch oder spitz herausragenden Pflasterstein konnte die Fahrt schon wieder ein jähes Ende finden, und von Glück konnte dann der reden, der die nötigen Tauschobjekte bei sich hatte, um einen mürrischen Werkstattmenschen etwas wohlwollender zu stimmen, zu Flickzeug und Gummilösung greifen zu lassen. Aber vielfach fehlte es am einfachsten Reparaturmaterial und sogar an Luftdruckgeräten.

Wehrmachts-Volkswagen in Privathand

In den fünfziger Jahren wurden die alten VW-Kübel- und Schwimmwagen von privaten Besitzern aufgebraucht, die die Zuverlässigkeit und robuste Natur des VW schätzten. In der Land- und Forstwirtschaft waren die ehemaligen Wehrmachts-Volkswagen ungemein brauchbar. Manch einer suchte so ein Auto als billiges Kabrio oder fürs Camping. Geschätzt wurden diese Volkswagen auch für Expeditionen nach Afrika, Griechenland und in die Türkei. Mitunter haben die stolzen Besitzer diese alten Militärfahrzeuge mit An- und Umbauten, Chromzier oder neuen Farben »verschönt«. So wurde zum Beispiel gelegentlich ein festes Dach von einem Fremdfabrikat aufgeschweißt oder eine neue Karosserie nach eigenem Gutdünken aufgesetzt. In der einstigen Tschechoslowakei, wo die alten Wehrmachts-Volkswagen aus Mangel an neuerem Ersatz ein langes Leben hatten, war dies eine beliebte Methode, um dem alten Auto ein zeitgemäßes Aussehen zu geben. Mitunter konnte man dort einem VW-Kübel mit Skoda-Karosserie oder einem Verschnitt aus VW und Opel-Olympia begegnen. Der Einfachheit halber wurden manchmal im Reparaturfall eine Vorderachse vom VW-Käfer eingebaut, der Kübelwagen also tiefergesetzt, beim Schwimmwagen damit auf den Allrad-Antrieb verzichtet.

Mit solchen Improvisationen haben sich vor allem die VW-Fahrer in den Ostblock-Staaten versucht, weil es hier an originalen Ersatzteilen fehlte. Wo es ging, griff man auf den einheimischen Markt zurück, zum Beispiel bei Tachometer, Scheinwerfer, Blink- und Rückleuchten. So konnte man u.a. auch die Spurstangenköpfe des Framo-Lieferwagens und die Rohrleitungen der Trabant-Bremse für den Umbau auf Hydraulik verwenden.
Natürlich hat auch die weite Verbreitung des Käfers ein übriges getan, um dem VW-Besitzer weiterzuhelfen. Speziell die Ersatzteile des VW-Standard (Seilzugbremse, Spindellenkung, unsynchronisiertes Getriebe) konnte man ohne weiteres für die alten Kübelwagen übernehmen.
Ohne Zweifel: Die Besitzer der VW-Veteranen waren große Autobastler vor dem Herrn — mit einer kleinen Werkstatt und einem Sortiment Ersatzteile im Keller, Schuppen oder in der Garage und natürlich mit vielen reichen Erfahrungen. Manch einer hat seinem alten Kübelwagen über viele Jahre, gar Jahrzehnte die Treue gehalten. Das Auto hat sie fast ein Leben lang auf vielen Fahrten und Reisen begleitet.

Die meisten Wehrmachts-VW wurden aber in den fünfziger und sechziger Jahren gnadenlos verschrottet, achtlos stehengelassen oder einfach weggeworfen. So mancher alte Kübel landete in einer Kiesgrube, in einem Bombentrichter oder einer Müllkippe, die später aufgefüllt wurde.

Mitunter hat man das ausgediente Vehikel auch kurzerhand in einen See geworfen. Und nicht selten beendete ein alter Volkswagen sein Autoleben in einem Gebüsch am Waldrand, wo er über die Jahre verrottete, bis nur noch ein zerbröseltes Gerippe übrigblieb, das dann vollends zerfiel. Im »goldenen Westen«, der Ende der fünfziger Jahre in eine Konsumgesellschaft hineinwuchs, wollte sich niemand mehr mit den ärmlichen alten Blechkisten, mit schiefziehenden Seilzugbremsen, einer schwergängigen, nicht spielfreien Lenkung, einem lästigen unsynchronisierten Getriebe, einer harten Federung, mit Lärm und mieser Heizung abfinden. Die Masse der motorisierungshungrigen Deutschen orientierte sich am neuesten Angebot.
Von den Autos der vierziger Jahre verschwanden die letzten etwa in der Zeit zwischen 1958 und 63 aus dem Straßenbild. Nach 10 bis 20 Jahren Dienst waren sie fast alle abgewirtschaftet. Einen Käufer konnte man allenfalls noch in Bastler- und Studentenkreisen finden, wo so ein altgedientes Vehikel, nicht selten ein Kabriolett der dreißiger Jahre, für 2 bis 300 Mark gehandelt wurde. Manch einem fiel der Abschied gar nicht leicht. Wer trennt sich schon gern von einem treuen, alten Gefährten, mit dem man viele Tausende Kilometer hinter sich gebracht hatte? Solange alles gut ging, konnte man die Entscheidung vor sich herschieben, aber eines Tages machten sich die Alterserscheinungen deutlich bemerkbar. Der Motor brachte nicht mehr volle Leistung, die Bremsen mußten erneuert werden, im Getriebe oder Differential knackte es, die Kupplung rutschte. Man müßte eine Generalüberholung vornehmen lassen — aber was mag das kosten? Nächtelang wurde hin und her gerechnet, bis die Entscheidung schließlich für den Neuen fiel. Aber es war gar nicht so leicht, das alte Vehikel loszuwerden. Die Veteranen der dreißiger und vierziger Jahre hatten um 1960 nichts Antiquarisches und keinen musealen Wert, und sie standen ungeliebt auf den Plätzen der Gebrauchtwagenhändler im hintersten Eck. Moderne chromblitzende, PS-starke Wagen waren repräsentativ. Wer wollte da so einen mausgrauen, alten Kasten, der womöglich stadtbekannt war?

Erst gegen Ende der sechziger Jahre bekamen die alten Kriegs-Volkswagen allmählich den Status von Liebhaberfahrzeugen. Für den Schwimmwagen begeisterte sich schon ein paar Jahre früher eine kleine Gruppe von Enthusiasten. Die Teileversorgung wurde systematisch organisiert, bald ein erstes Treffen veranstaltet und ein Klub gegründet. Beim Kübelwagen blieben die Preise etwas länger zivil, denn ihn gab es noch häufiger. Einen rüstigen Kübel mit TÜV konnte man um 1968 noch für 1000 bis 2000 DM bekommen. Erst Anfang der siebziger Jahre begannen mit der anhebenden Oldtimerwelle der rapide Preisanstieg und die Geschäftemacherei.
Leider verlor nun die Szene viel von ihrer ursprünglichen Originalität, die die passionierten Automobilisten ihr gegeben hatten. Insbesondere der Schwimmwagen avancierte zum Prestigeobjekt und Snobcar, und damit kam auf die Treffen allzuoft ein arrogant-elitärer Klüngel, der sich zu allem Überdruß noch dümmlich-spektakulär in Szene setzte.
Immerhin wurden nun die meisten Fahrzeuge mit viel Aufwand an Zeit und Kosten originalgetreu restauriert. Ein paar VW-Enthusiasten haben auch einige »Kriegskäfer« nachgebaut. Tatsächlich sind nur sehr wenige VW Typ 82 E, die man heute in der Szene findet, original. Viele dieser Wagen haben eine neuere VW-Karosserie (bis Baujahr 1952) auf Kübelfahrgestell oder mitunter auch nur Kübelachsen. Es genügen sogar nur ein Paar Achsschenkel vom Kübelwagen und eine Hinterachse vom alten VW-Bus, um einen Käfer optisch zum Wehrmachts-VW zurückzudatieren. Gelegentlich taucht in neuerer Zeit auch hier und da ein Allrad-Käfer auf, der mit Schwimmwagenteilen rekonstruiert wurde. All das ist natürlich sehr kostspielig und vom Normalverdiener kaum noch zu realisieren.

Wer heute nach einem billigen alten Kübel Ausschau hält, braucht indessen nicht enttäuscht aufzugeben. Nach der Öffnung des Ostblockes wird hin und wieder ein alter Wehrmachts-VW angeboten. Man muß freilich wissen, daß Fahrzeuge aus diesen Ländern in der Regel völlig ausgezehrt sind. Es gibt aber auch noch den VW 181 billig von der Bundeswehr. Diese Neuauflage des alten Kübelwagens entspricht in der Charakteristik ganz dem Original und hat zudem für jugendliche Neulinge den Vorzug, daß er mit seiner moderneren Technik alltagstauglich ist.

Ein Schrottplatz mit aufgestapelten Kübelwagenkarosserien. Vor und hinter dem DKW liegen auch die Fragmente von je einem VW-Schwimmwagen. Aufgenommen in der Nähe von Braunschweig, wahrscheinlich 1948.

Ein Werkstattplatz mit den für die Reparatur abgestellten Fahrzeugen. Ein Kübelwagen ist aufgebockt, die Räder sind abmontiert. Dahinter steht ein VW-Käfer mit Kastenaufbau.

Eine Werkstattmannschaft mit ihrem Kübelwagen, der sich wegen seiner Getriebeuntersetzung besonders gut als Abschleppwagen eignete.

Ein ausrangierter Kübelwagen mit Holzgasgenerator. Das Fahrzeug stammt wahrscheinlich aus Beständen der Reichspost und hatte früher einen Kastenaufbau (VW Typ 28).

Ein ehemaliger Reichspostkäfer, wie man deutlich sieht noch mit hochbeinigem Geländefahrgestell. (VW Typ 83)

Bei diesem Kübelwagen wurde die Wagenfront durch eine Haube erhöht. Das Reserverad kam obendrauf.

Ein hartes Leben hat dieser VW-Kübel in der Tschechei hinter sich gebracht. Man sieht es an den vielen Umbauten. Auch die Achsen und Räder sind nicht original.

Auf diesem Schrottplatz werden alte Militärkäfer ausgeschlachtet.

Dieser gut erhaltene und sicherlich gepflegte alte Kübel war in der Tschechei jahrzehntelang täglich im Einsatz.

Der VW-Kübel als Helfer bei der Heuernte.

Auf Urlaubsfahrt in Griechenland!

Dekorativ aufgemacht wurde dieser Schwimmkübel für eine Gartenschau. 1955

Campingfreunde mit dem VW-Schwimmwagen am Neckar, an der Mosel und bei Bingen.

Ein Kübelwagen mit Schwimmwagenkarosserie im Huckepack.

Mit Stromlinienform in den siebziger Jahren in Italien entdeckt: ein ehemaliger VW-Schwimmwagen.

Wahlwerbung mit Kübelwagen 1949

Mit recht abenteuerlichen Umbauten wurden gelegentlich alte Wehrmachts-Kübelwagen zur »Limousine« umfunktioniert. Das Fahrzeug wurde auf Kreta aufgenommen, etwa 1978.

In den fünfziger Jahren kamen einige alter Wehrmachts-VW als Statisten in Kriegs- und Heimatfilmen zu Ehren, oben: eine Szene aus dem Film »Unternehmen Schlafsack«, unten: »Der erste Tag der Freiheit« (1964), ein Film des polnischen Regisseurs und sowjetischen Staatspreisträgers Aleksander Ford.

Schmuckstück: Mit Chromstoßstangen, verchromtem Grill, glänzenden Radkappen, modischer Lackierung, Weißwandreifen und einem blinkenden Bügelgestell an der Wagenfront wurde dieser alte Wehrmachts-VW herausgeputzt. Reserveradüberzug und Verdeck aus schwarzem Lackstoff. Am Grill eine Vase mit Blumen und ein sterbender Schwan. Ob man das schön findet, ist eine andere Frage. Aufgenommen auf einem Parkplatz in Alt-Mythenae in der Argolis, 1958.

Diesen häßlichen Nachbau aus Kunststoff bot Ende der siebziger Jahre eine Firma aus Kaiserslautern an: als Bausatz ohne Käfer-Fahrgestell für 4500 DM. Das Fertigfahrzeug kostete 10300 DM.

Ein VW 82, Baujahr 1941, mit kurzen Hinterkotflügeln und ohne Öffnung für Einsteckwagenheber (vor Karosserie Nr. 8501), dunkelgraue Wehrmachtsfarbe.

Dieser Kübelwagen mit der Fahrgestell Nr. 2 032 217 wurde am 29.11.1943 gebaut und am nächsten Tag an das Heereszeugamt in Erfurt ausgeliefert. Nach dem Krieg lief er bis 1964 mit roter Lackierung als Mannschaftswagen der Freiwilligen Feuerwehr in Kötzing/Bayrischer Wald.

Ein VW 166, Bj. 1944, vor einem Churchill-Avre in Graye sur Marne/Normandie. Der »Churchill« lag, nachdem er bei der Invasion in ein wassergefülltes Loch gefallen war, 35 Jahre unter der Erde, wurde dann geborgen und äußerlich restauriert.

Dieser vierradgetriebene Käfer wurde originalgetreu rekonstruiert. Das Fahrgestell ist von 1944, der Aufbau von etwa 1950. Das Fahrzeug wurde 1992 von Norwegen nach Deutschland verkauft und gehört heute einem Liebhaber in Lorch/Württemberg.

Die beiden Ur-VW, der Käfer und der Kübelwagen, liefen in beträchtlicher Stückzahl auch bei der Bundeswehr und zum Beispiel auch bei den Armeen Hollands, Belgiens und der Schweiz. Der abgebildete Käfer ist ein VW 1200, Baujahr 1977, eines Luftwaffenfernmeldebataillons in Karlsruhe.

Der VW-Kübel 181 in Zivilausführung: Für den Neuwagen gab es hierzulande nur wenige Interessenten, einen großen Absatzmarkt gab es in den USA. Abnehmer bei uns waren auch Bundesgrenzschutz, Post, THW und Feuerwehren.